できそこないの男たち§目次

プロローグ

司会者が次の演者の発表をアナウンスすると会場は水を打ったように静かになった。私は発表者がどこから現れるのかと目を泳がせていた。名前は知っているが、どんな人物なのかはわからない彼をいち早くとらえようと。

おもむろに最前列から背の高い痩《や》せぎすの青年がひょろりと立ち上がってそのまま演壇《ポディアム》の前に立った。こいつがデイビッド・ペイジなのか。ジーンズに白いポロシャツ姿。年のころはひょっとすると自分とあまりかわらない。なのにこれから人類史上最も重要な発見について発表しようとしている。彼がまだ一言も発しないうちから私は圧倒された。

＊　　＊　　＊

時は1988年夏。私は、米国コロラド州カッパーマウンテンにいた。アスペン、ベイル、そしてカッパーマウンテンは、ロッキー山脈に点在する高級スキーリゾートとして知られる。雪のない夏はオフシーズンとなり、高度2000メートルに広がるスキーゲレンデは低い草に覆われ、乾いた風だけが斜面を滑りおりる。リフトは乗る人もないままカラカラと淋しげな音を立てて空《から》のイスを運んでいる。空は山岳地帯特有の透明な群青《ぐんじよう》色、その向こうにロッキー山脈の鋭い稜線《りようせん》が見渡せる。一方、山麓の宿泊施設とカンファレンス会場は、冬のスキー客とは別の人々が持ち込んだ熱気によって、この夏もハイシーズンを迎えていた。

高度のせいか、あるいは初めてこの場所にいることの緊張感からか、その日、私は朝から過呼吸ぎみで、息を吸い込むと胸が痛かった。

私が参加したのは、アメリカ実験生物学会連合（FASEB《ファセブ》）が主催する研究会、通称、ファセブ・ミーティングのひとつ、『高等動物細胞における遺伝子発現とその制御』というものだった。これはクローズド（closed）の会議だった。

クローズドとは、発表者同士以外には公開しない、部外者立ち入り禁止の研究集会のことをいう。限られた領域ごとに、その分野のトップ研究者100人ほどが、有閑期のリゾートに世界中から集合する。リゾートとはいえオフシーズンなので戸外のアトラクションはない。全員が数日間にわたってカンヅメとなり発表と議論を行う。いわば合宿だ。

ここで発表されたことは原則的に口外することも引用することも禁止される。写真撮影、録画、録音もできない。そのかわり、研究者は自分の最新の、場合によっては極秘の未発表データを提示することができる。そのことによってライバルは互いに他の進捗《しんちょく》状況を探り、牽制しあい、そして言外に先取の権利を主張する。

全く無名の私がこの場所にいることができたのは、ひとえにジョージ・シーリー博士のおかげだった。この年の初夏から私は、ニューヨーク・ロックフェラー大学にある彼の研究室に雇われていた。私の人生にとって初めての就職先だった。今回のファセブ・ミーティングは、シーリー博士が主催し、たまたま私は同行を許されたのである。

＊　＊　＊

日本の大学院を修了した私は、博士号をとったものの職がなかった。大学4年、大学院5年。世の中では、元首相に実刑判決が下り、かい人21面相が闇に消え、ジャンボジェット機が墜落し、ディスコの照明までが落下したが、人々はひたすら右肩上がりの線形性を信じていた。

私はそういった喧騒とは一切無縁のたこつぼの底にいた。そこで私は来る日も来る日も実験動物をあやめていた。ラットに麻酔薬を注射して眠らせ、正中線開腹を行って膵臓《すいぞう》から伸びる細い膵管にプラスティックのチューブを取り付ける。チューブは体外に導かれて、氷で冷やされた試験管に入る。膵臓で作られた膵液は途中で胆汁《たんじゅう》と一緒になり、透明な琥珀色の水滴となってチューブの先端からゆっくりと落下する。

膵液の分泌は規則ただしいが、あまりにも遅くその量はわずかでしかない。1ccの膵液が試験管の底にたまるのにゆうに1時間はかかる。私の仕事はそれを何リットルも集めることだった。膵液中にごく微量含まれるある種の生理活性ペプチドを単離精製するというのが私の博士論文のテーマだったからである。

それが一体どんなものか誰にもわからない。本当に存在しているものかどうかさえ怪しい。未知物質を追い求めて、それをとらえようとする試みは、だから、伝説の埋蔵金を信じて土を掘り進めるような狂気に似たあやうい営みとなり、携わる者もまた徐々にその狂信に接近していく。

ラットたちは膵液を搾り取られるだけ搾り取られると、眠ったまま さらに深い眠りの場所へ移送される。ビニール袋に入れられて丸まった生暖かい動物をマイナス20度の横置き型冷凍庫の底に放り込んで重い扉をしめる。パタン。何度もこれを繰り返すうちに私は自分の心をたやすく閉ざすことができるようになる。パタン。

大学院生活も終わりの頃、ラジオの英会話番組がこんなやりとりを流していた。

I am thinking of quitting the job.（仕事を辞めようと思っているんだ）

Why？（どうしてまた？）

I think that I need some life changer.（ライフチェンジャーが必要なんだ）

ライフチェンジャー？　両替機のように、そんなものが転がっていれば便利なのに。

何百匹ものラットの命に支えられた私の研究は徐々に形をとろうとしていた。求めていた生理活性ペプチドは、確かに新しい機能を持った物質だった。しかし、苦労して精製し、やっとの思いでその構造を調べてみると、それは既に知られている物質でしかなかった。そしてそこには発見の喜びといえるようなものはなかった。何気ない英会話の陳腐なフレーズが啓示に聞こえるほど、私は疲れすぎていたのかもしれない。そんなものを定期的に聞いていたこと自体が、風のない京都盆地の底から脱出することを考え始めていた思いの表れだったのだろう。私は確かに酸欠状態に陥っており、人生の転機《ライフチエンジヤー》を求めていた。

博士論文をまとめにかかる一方で、私はつたない英文で求職の手紙を書いては投函した。ネットもメールもない時代である。

私は、日本の京都大学というところを修了し、もうすぐ博士号を取得しようとしています。このあと、あなたの研究室で、私をポスドクとして雇っていただくことはできませんか。27歳、独身。身についている技能は、実験動物の外科手術、ペプチドの精製、機能解析など生化学一般。研究論文と履歴書は別添のとおりです。

アメリカでは、自分で研究プロジェクトを主催できること、つまり自分で研究費を調達することができれば独立研究者（プリンシパル・インベスティゲーター）と見なされる。

研究費はグラントと呼ばれ、その勧進元は、日本の厚生労働省にあたる国立衛生研究所《NIH》、文部科学省にあたる国立科学振興会《NSF》、その他、エネルギー省、軍、そして製薬やバイオ企業、各種の財団などである。研究者が分厚い計画書を書き、華麗なプレゼンテーションを行い、厳しい競争を勝ち抜いて初めてグラントは得られる。グラントはそれぞれのプリンシパル・インベスティゲーターが所属する大学などの研究機関へのショバ代、自分の給与、装置や試薬、実験動物などの購入費、そしてポスドクの給与となる。

ポスドクとは、ポストドクトラルフェローの略で、博士号を取得したての研究者の卵が修業を行う研究ポジションである。一方、独立研究者から見ればポスドクは、傭兵《ようへい》、使い捨ての労働力にすぎない。ボスの言うことを聞き、長時間、低賃金労働に耐えられることがポスドクの条件だ。

残念ながら、現在、私の研究室にはポスドク経費の余裕がありません。あしからず。

私の書いた手紙に対して、数週間後、短い返信が送られてきた。「ポスドク経費」の部分が、「スペース」になっていることもあった。雇う側にしてみれば、安いとはいえ給与を払うのである。どこの馬の骨とも知れぬ、しかもひょっとするとコミュニケーションもままならない初対面の人間を引き入れて、失敗することのリスクを考えるだろう。当然の答えである。雇うに当たって少なくとも首実検くらいしなくては。しかしアメリカ人同士ならともかく、日本から面接に呼び出すわけにもいかない。

日本人研究者がアメリカでポスドクになるのは、日本で所属していた大学の指導教授とアメリカ側の教授との間に、つまりボス同士にあらかじめコネクションがあるケースが大半だ。

〝うちの若手を送りますから、ひとつ頼みます。もちろん人物と能力、そして働きぶりは私が保証します。なんといっても私が雑巾《ぞうきん》がけを十分仕込んでありますから〟

あるいは日本の大学で、すでに助手などのパーマネントポジションについていて、丁稚奉《でっちぼう》公《こう》の褒美として「お留学」させてもらうケース（この場合は、出張扱いになるから職位と日本の給与が保障される）がある。さらには、わざわざ日本から自分の生活費分の奨学金を持参するケースまである。こうなると完全な〝かもねぎ〟状態であるから雇い入れるアメリカ人教授側にリスクはない。ウエルカム！　となるのも当たり前だ。

しかし、私はコネやフックに頼りたくなかった。頼ると必ずそこに借りや義理が生じ、アメリカにいてもいつも日本の方を向いて生活することになるだろう。それでは、ライフチェンジャーにはならない。そしてまた私には分不相応にも、ひそやかな希望があった。風のある都市に住みたい。できればニューヨーク、ニューヨークに。

＊　＊　＊

ある日、ニューヨーク州ニューヨーク市マンハッタン区にあるロックフェラー大学のジョージ・シーリー博士から、こんな手紙が舞い込んできた。

ちょうどポスドクの交替期だからよければ来てください。可能ならできるだけ早く。給与は、年間2万ドルしか払えないので、レント（家賃）が高いマンハッタンで生活するのはなかなか苦しいけれど、適当なアパートを探してあげます。グッド・ラック。

奇跡だった。私は、ほとんど着の身着のまま、文字通り、柳行李《やなぎごうり》よろしくトランクひとつですぐにニューヨークへ出発した。

＊　＊　＊

当時、最も安いニューヨーク便は大韓航空のフライトだった。大阪の伊丹（関空が出来たのはしばらく後のことである）から飛行機はまずソウルの金浦《キンポ》空港に飛ぶ。そこで乗り換えた飛行機は、アラスカ州アンカレッジに向かって長い飛行を開始する。

機内にはずっとコチュジャンの匂いが充満している。アンカレッジに到着すると給油のためなのか不必要にも思えるほどゆっくり停泊する。オフタイムの空港はＵＤＯＮを売る、寂れたカウンターが開いているだけだ。すでに時差ぼけになりながらまずい汁をすする。他にすることがない。窓のはるか遠くにアラスカの山脈がぼんやりと光る。ここからまた長いフライトが始まる。ふと浅い眠りからさめると眼下には黒い山稜が果てしなく続いて見える。

次に目覚めたときには飛行機はすでに着陸態勢に入っていた。日本を発《た》ってから私は一体何時間、機内にいただろう。なぜか到着する場所はいつも夜だ。しかし、今、飛行機の窓から見える地表には光の粒が溢《あふ》れていた。

韓国人の集団に混じってカスタムとパスポートコントロールを通る。太った係の女性が大声で誘導しているが何を言っているかわからない。韓国人たちは皆、信じられないほどたくさんの荷物を持っている。カートには、段ボール箱を乱暴にガムテープで巻いたものが山積みされている。大韓便がわざわざそんな到着時間を選んでいるのか、あるいはそのような枠しかないのか、時刻はすでに深夜12時を回っていた。

それにもかかわらず、ゲートを出ると人々でごった返していた。私と一緒の飛行機で到着した韓国人たちは次々と出迎えの韓国人に取り囲まれ、握手や抱擁を受けると引っ張られるように車へと向かう。案内板を目で追ってうろうろしているうちに私の周りから韓国人の姿は消えていった。かわりにあたりにたむろしていた、大きな体軀にラフな服をまとった男たちが親切そうな笑みを浮かべて声をかけてくる。

ダウンタウン？　タクシーキャブ、トゥエンティーバックス

ケネディ空港では白タクにだけは乗るな。どんな目に遭っても知らないよ。そう教えられていた私は、しつこい彼らをやっとの思いで振り切ってようやく見つけたダウンタウン行き

の大きなバスに重いトランクを引きずりながら乗り込んだ。暗い窓の外には並行して走る何車線もの車の列以外には何も見えなかった。しばらくそのままバスの揺れに疲れた身体《からだ》を任せていた。ふと遠くに目をやると、一定の幅をもって水平に広がっている蜃気楼のような、ほの明るい帯が見えた。それは高いビル群の稠密《ちゅうみつ》な並びが作り出す赫赫《かっかく》としたスカイラインだった。私は自分がどこに来たのかを知った。

最初の月給がもらえればあとは何とかなる。そう考えて私はほとんど現金を持って行かなかった。持って行くべきものもなかった。マンハッタンに着いた翌日に、ロックフェラー大学のオフィスに出頭すると事務官の女性は、ゆっくりした英語で言った。給与はすぐにでも払えるけれどもまずは銀行に口座を開いて。

私は大学のワンブロック隣のケミカル・バンクへ行き、口座を開設したいのですが、と申し出た。すると分厚いプレキシ・ガラスの隔壁《かくへき》の向こうから係員が言った。口座開設のためには初期資金として1000ドル以上が必要です。着任早々、私は同じフロアの同僚に大金を借りなければならなくなった。

ちょっとした齟齬《そご》はあるものの、ちゃんと意思の疎通はできる。私は自分の英語にそれなりに自信をもった。ところがそれはすぐに木っ端微塵《こっぱみじん》に粉砕された。大学の内部や周辺では、みんながそれなりの配慮をしてくれていただけだった。ほとんど聞くに堪《た》えない英語しか喋《しゃべ》れなくとも、それは彼の知的レベルを表しているのではない、まともな会話が成り立たないのは文化の差と言語障壁（ラングエッジバリアー）のためだ、と了解してくれていたにすぎなかった。

ひとたび街場に出ると容赦はなかった。英語が満足に話せない人間は、ここニューヨークでは不法移民か難民のような扱いを受ける。私は、スーパーのレジ係の、年端もいかない女の子にまで蔑《さげす》みの目で見られた。彼女は、買い物カゴを持った私に、品物を出して台の上に並べろ（take them out）と言ったのだ。しかし私にはそれが聞き取れなかった。立ち往生する私を見かねて、後ろに並んでいた女性がやれやれという態度で、代わりにカゴからものを取り出してくれた。私はすごすごとスーパーを後にするしかなかった。

私は結局、以降、3年間ほどアメリカで恥の多い暮らしをした。3年アメリカにいれば3歳児程度には話せるようになるって？　否。ネイティブの3歳児は私などよりずっとたくみに言葉を操る。きっと、第一言語が流れ込む脳の場所は決まっているのだ。そしてそれがひとたびその領域を占めるともう融通がきかない。あとから来たものは先住言語と同居することができないのだ。

＊　＊　＊

こんな話がある。ただし、アメリカ生活のずっと後のことだ。

ファセブ・ミーティングよりも大きな規模の国際学会が開催された。たくさんの分科会が開催され、世界中から多数の研究者が集まる。非英語圏からの参加者も当然多数ある。初日だけは皆が一堂に会し、学会の開催宣言が行われる。そこでは、この分野の大御所が、基調講演（キーノート・アドレス）を行うのが通例である。今回、その役は、スイスの重鎮学者によって行われることになっていた。彼は、威厳に満ちた重々しい足取りでゆっくりと壇上に上がり、演台の前に立った。そして開口一番、彼はこう言ったのである。

「科学の世界の公用語は、皆さん、英語であると当然のようにお考えになっていると思いますが、実は違います」

一体、何を言い出すのか。会場に集まった人々は驚いて彼の顔を注視した。彼自身は、ドイツ系スイス人であり、その英語はかなり強いドイツなまり、お世辞にも流暢《りゅうちょう》な英語とは言えないものだった。皆は、彼が次になんと言うか息を呑んで待った。まさか、彼の母語であるドイツ語だ、などと言うのではないだろうな。かつてドイツはすべての科学分野で世界をリードしていた黄金の一時期があったことは確かだが、いまさらそれは。

果たして、彼はこう言った。

「科学の世界の公用語は、へたな英語《プア・イングリッシュ》です。どうかこの会期中、あらゆる人が進んで議論に参加されることを望みます」

会場からは大きな笑いとそして拍手が沸き起こった。このキーノート・アドレスに勇気付けられたおかげだろうか、この学会では、どのセッションでも、アジアから参加した非英語民の活発な発言が目立った。

＊　＊　＊

昔々、あるところにネコとネズミが住んでいました。物語の例にもれず、ネコは意地悪でずるく、ネズミは賢くて敏捷《びんしょう》でした。ネコはネズミを追い回し、いつか捕まえて食べてやろうと考えていました。が、これまたお約束どおり、ネズミはすばやく走り回って、ネコに一泡ふかせ、いつも逃げおおせることに成功していました。

ある日のことです。ネズミが路地を警戒しながら歩いていると、案の定、ネコが向こうの角に現れたのが見えました。ネズミの姿を捉えたネコはいきなり猛ダッシュしてきましたが、ネズミの俊敏さの方が一枚上手です。知り尽くした細い通路を縦横無尽に走り回ってネコをまこうとします。しかし、今回はネコも必死です。いつもコケにされている借りを今日こそは返してやるとばかりに、ぐんぐん追いかけてきます。

かなり長い時間チェイスを続けましたが、ネコはあきらめる気配がありません。ネズミはだんだん疲れてきました。スタミナではネコの方が上です。そこで、ネズミはとっさの機転を利かせて小さな穴に飛び込みました。穴は行き止まりでしたが、ネコが入ってこられるほど大きくはありません。

ネズミは穴の奥で籠城することにしました。そのうち奴もいいかげん飽きて、お腹をすかせてどこかへ行くだろう。ネズミは耳を澄ませて外の気配をうかがいました。どうやらネコは、穴のそばに身を隠してじっとネズミが出てくるのを待っている様子です。油断して一歩でも外へ出ればいきなり飛びかかってくるつもりなのです。あぶない、あぶない。こうなれば持久戦です。ネズミはじっと息を潜めて待つことにしました。

どれくらい時がたったでしょうか。外の光が傾いた様子からすると、おそらくかなりの時間が経過したはずです。うとうとしかけていたネズミは外の物音ではっと目を覚ましました。

「ワン、ワン、ワン、ワン！」

あっ、あれはイヌのジョン君の声だ。助かった。彼がやってきてネコを追い払ってくれたんだ。お礼を言おうとネズミは穴の外へ出ました。と、そのときです。ネコが一気に飛びかかって、その鋭い爪でネズミを押さえたのです。ネズミはネコの前足の下で苦しそうにもがきながら言いました。

「あれ？　ジョン君はどこ？　助けに来てくれたんじゃなかったの」

意地悪なネコは勝ち誇ったように言いました。

「きょうび、２ヶ国語くらいはしゃべれないと世の中やっていけないのさ」

これも国際学会で教えてもらった小話である。

＊　＊　＊

さて話は、カッパーマウンテンに戻る。マサチューセッツ工科大の若き研究者、デイビッド・ペイジが目指したもの。それは、とりもなおさず旧約聖書の記述を改訂する試みだった。

主なる神はそこで、人を深い眠りに落とされた。人が眠り込むと、あばら骨の一部を抜き取り、その跡を肉でふさがれた。そして、人から抜き取ったあばら骨で女を造り上げられた。主なる神が彼女を人のところへ連れて来られると、人は言った。

ついに、これこそ
わたしの骨の骨
わたしの肉の肉
これをこそ、女（イシャー）と呼ぼう
まさに、男（イシュ）から取られたものだから

（旧約聖書　創世記２：21 - 23）

あるいはシモーヌ・ド・ボーヴォワールの有名な言葉を敢えて無化する企てだった。

人は女に生まれるのではない、女になるのだ

（『第二の性』）

ペイジは言うのだ。イブはアダムの肋骨《ろっこつ》から造りだされたのではない。アダムこそがイブから創りだされたのだ。そしてボーヴォワールの言葉は、男の方にこそふさわしい。人は男に生まれるのではない。男になるのだ。でも一体どうやって？　それがペイジの最も知りたい問いだった。そして1988年夏、その答えに最も近づいていたのが彼だった。

ペイジは、男を男にする「鍵」に接近するために、極めて奇妙なターゲットを選んでいた。それは古来、すべての哲学、文学、あるいは科学の好奇心と探究心と恐怖心を掻《か》きたて、かつ、ひとたびとらえるとはなさない自然の造形物だった。両性具有者である。

ペイジが明らかにしようとしたものは、あるいはすでに文学のたくらみとして次のような詩のなかに預言されていたことかもしれない。

＊　　＊　　＊

わたしたちおんなはむすめをうむ
だれのちからもかりずに

むすめはせいちょうし
うつくしいおんなになる　わたしにそっくりの
このようにしてわたしたちおんなはいのちをつむいでいた
ずっとずっと
ながいあいだ
このようにしてわたしたちおんなはへいおんにすごしてきた
ずっとずっと
ながいあいだ

あるあさ
うみべで

ララとナナはあそんでいた

ララは海の色も空の色もおよばないまっすぐな青
ナナは花の色も蝶の色もおよばないあざやかな黄金色

ララは
かたわらのナナのからだをこっそり見ていた
流れるような髪
深いひとみ
磨かれたレンズのような頬
たわわな果実のような重く豊かな胸
ジガバチのような腰
胸と競い合うように張り出した腰
人魚の下半身のように伸びた脚

ふと
ララは思った
わたしの青とナナの黄金色がまざるとどんな色になるの
それはいままで誰もかんがえたことのなかったことだった

ララはひとりになると
そっと自分のあばら骨の一部を抜き取り
そのあとを肉でふさいだ
あばら骨はほんらいララの娘のもとになる部分だった
ララは娘のもとから茎を引き出し
割れ目を縫い合わせた
そのようにしてララはキラルを造り上げた

キラルは
はじめは死んでいるようにじっとしていた

やがてキラルはその細い手足を震わせるようにうごかしはじめた
耳をすませるとキラルのか細い呼吸が聞こえた
ララはキラルを大切に育てた

キラルはありあわせのものからいそいで造られたため
小さく
華奢《きやしや》で
脆《もろ》かった

それでもキラルはすこしずつ成長した

ある日
ララは
キラルをナナのところへ行かせた
ナナはキラルを誰もいない場所に導きそっと身体を重ねた

キラルが運んだものはそう
ララの青色のたねだった

こうしてナナはむすめキキを生んだ
キキはこれまで誰も見たことがない色をしていた
ララの青とナナの黄金色がまざってできたすばらしい色
誰もがキキをうらやんだ

ララはキラルの作り方をみんなにおしえた
ありとあらゆる素敵な色がうまれた

そんなある日
空から燃える石が降り注いだ
火は大地を焼き尽くした
そのあと空気が冷え始めた

続く何年もの間
太陽は姿を隠し
海は凍りついた
原色のものが消え
やがてララもナナもいなくなった

キキたちの世代は新しい色と寒さに耐える身体を手に入れることができた
かわりに
キラルの手を借りないと子どもをつくることができなくなった
色どりが増えた分　世の中が複雑になった

キラルたちはせっせとそれぞれのママの色を別の娘のもとに運びつづけた
色を運び色を混ぜること
それがキラルのできるただひとつの仕事だったから

仕事が終わるとキラルは荒地に捨てられた
もともとキラルは小さく華奢で脆かった
どのみちそんなに長くは生きられなかった

太陽がもどり
空気は暖かくなり始めた
大地には花が咲き
海は穏やかな波をとりもどした

このようにしてわたしたちおんなはいのちをつむいできた
ずっとずっと
ながいあいだ
このようにしてわたしたちおんなはへいおんにすごしてきた
ずっとずっと
ながいあいだ

おそらくわたしたちはすこし油断していたのだろう
あるいは平和ゆえに慢心しすぎたのかもしれない

最初は気がつかなかったが
徐々にキラルの数が増え始めた
なぜならすべての女が
色を運んできたキラルをそのまま住まいにとどめ
次々と色以外のものを運ばせはじめたから

はじめは薪《たきぎ》を
ついで食糧を
しまいには慰撫《いぶ》までを運ばせた

キラルには知恵があった

薪も
食糧も
そして慰撫までも
余分につくりだすことができた
キラルはそれをこっそり隠しておいた
このようにしてキラルは
自らのフェノタイプを
限られた遺伝子の外側へと延長する方法を知ったのだった

（原詩　Chiral and the chirality, by Iris Otto Feigns）

第一章　見えないものを見た男

万能の視力

高校時代、あなたは生物学を選択しましたか？　教科書にはこうあります。

個体が雄になるか雌になるかは、多くの生物で遺伝的に決められている。つまり、染色体の中には性を決定する染色体（性染色体）があり、雌と雄ではその組み合わせが異なっている。ヒトやショウジョウバエの性染色体は2本あり、それぞれX染色体、Y染色体という。雄ではX染色体とY染色体が1本ずつ、雌ではX染色体が2本（1対）ある。

性染色体以外の染色体を常染色体という。常染色体は、相同染色体が2本ずつ対になっており、ヒトでは44本（22対）、ショウジョウバエでは6本（3対）である。常染色体を2Aで表すと、ヒトやショウジョウバエの染色体の構成は、雌は2A＋XX、雄では2A＋XYと表すことができる。

（文部科学省検定済教科書　高等学校理科「生物Ⅰ」教育出版、一部省略）

教科書はなぜつまらないのか。それは事後的に知識や知見を整理し、そこに定義や意味を付与しているからである。○○は××である。□□では、●●となっている。これを△△という……。

これでは何の感慨も、何の興味をも呼び起こさない。そもそも一度読んだだけでは一体どういうことなのかすんなり理解できない記述。言葉が素通りしていくだけが関の山だ。

教科書はなぜつまらないのか。それは、なぜ、そのとき、そのような知識が求められたのかという切実さが記述されていないからである。そして、誰がどのようにしてその発見に到達したのかという物語がすっかり漂白されてしまっているからでもある。

ここによく冷えたペリエのグラスがある。勇気と武器をもちあわせた男性諸君、このグラスの中に射精してみよう。そこに見えるのは何かもやもやしたものだ。でもよく目を凝らしてみると、だんだん赤ん坊の姿が見えてくる——と、18世紀の生物学者たちは信じていた。赤ん坊は男性から女性への贈り物であり、女性の仕事は、男性が苦労して作った子どもを培養することである。夫の役割は実に大きく、妻のほうは単なる苗床にすぎない。女性は社会においても家庭においても、さらに、本来その存在自体が、男性よりも一段劣ったものなのだ。——かつてはこうした考え方がまかり通っていた。

（スティーヴ・ジョーンズ"Y：THE DESCENT OF MEN"
邦訳『Yの真実〜危うい男たちの進化論』化学同人）

イギリスの知識人は、例えば利己的遺伝子論のリチャード・ドーキンスなどもそうだが、平然を装って下ネタを語ることが知的なスタイルだと思っているフシがある。それは読んでいて、あるいは翻訳してみてかなり鼻白むことではある。

それはともかくとして、もし私たちに〃神の視座〃とでも言うべき万能の視力が与えられたとしよう。その上で、いま一度、スティーヴ・ジョーンズのペリエのグラスを覗《のぞ》いてみよう。視座は、鳥の目の俯瞰《ふかん》から顕微鏡的な解像度までを瞬時に行き来できる。ほんの100倍ほどの倍率があれば、ペリエの中に何が存在しているのかがわかる。ズーム・イン。尾は細すぎてきちんと確認はできない。が、そこには、せわしなくうごめいている仁丹のような光の粒を多数確認することができる。ひとつひとつの粒だちには確かな輝きが宿っている。

1694年、オランダの科学者ニコラス・ハルトソーケルは、精子の粒だちの中に宿っている輝きの正体をとらえた。彼はそこに体育座りをした小人が、硬くちぢこまっているのを

体育座りした小人が入った精子
（ニコラス・ハルトソーケルによる）

見た。小人、当時の科学者はこれにホムンクルスと名づけた。光は、不釣り合いに大きなホムンクルスの頭部から発せられていた。これこそが人間の〝もと〟だ。ハルトソーケルはそう主張した。彼は見たいものを精子の内部に見たのである。
　神の視力が必要なのは実はここから先だ。泳ぎまわっている無数の粒子には、よく見ると赤い色のものと青い色のものがあるのだ。外見は全く変わらない。精子の頭部には、不定形のゼリー状のものが詰まっているだけで、ハルトソーケルが見たようなホムンクルスはここにはいない。しかし神は精子を見分け、特殊な画像処理能力によって彩色してその違いを可視化できる。赤色と青色。
ここではとりあえず前記の教科書を次のように書き換えておこう。

健康な男性が放出する精液にはおよそ数億個の精子が含まれている。その半数は赤い精子で、他の半数は青い精子である。放出された精子たちは、互いにせめぎ合いながら一斉に奥地を目指して遡行《そこう》していく。一方、精子を待つ卵子には色がない。月に一回、運び出される卵子はいつも透明である。この卵子に、赤い精子が結びつけば女児が生まれる。青い精子が結びつけば男児が生まれる。

27歳の好奇心

精子を最初に「見た」男の話をしてみたい。
アントニー・ファン・レーウェンフックは、オランダのデルフトに1632年10月24日、生を享《う》けた。同じ年、同じ場所にヨハネス・フェルメールが生まれている。二人の名前は、デルフト新教会洗礼名簿の同じページに記載されている。ハルトソーケルが、精子の中に体育座りの小人を見つけたと言った時期から、60年以上も前のことである。

デルフトは運河に囲まれ、そこから分岐した縦横に流れる細い運河に仕切られた小さな街である。運河沿いにはライムやポプラが植えられ、木陰を作っている。道には石畳が敷かれ、レンガと漆喰《しっくい》で造られた家々の階段状の破風《はふ》が端正に並ぶ。それはフェルメールが作品『小路』に描いた、まさにそのままの風景である。街の中央には四角い広場があり、新教会と市庁舎が相対して立っている。デルフトの穏やかなたたずまいと静かな時間は、驚くべきことに今日この街を訪れても17世紀からほとんど変化がないように感じられる。

レーウェンフックはこの街で商人の家に生まれ、彼もまた商人となるべく育った。呉服商に奉公し、商売や簿記を身につけた。ラテン語の教育を受けた形跡はなく、大学に行くことも、法曹や医学の道に進むことも彼の選択肢になかったことがわかる。6年間の奉公期間が明けると、デルフトの一隅、ヒポリタスブールト通りに彼は呉服商として店を持った。

この住所は彼の書いたものの中に記載があり、デルフトの通り名がずっと変わっていないおかげで今でも特定できる。ただし、現在は別の建物が立っている。近くの学校の周りを囲む柵に、後に作られたレーウェンフックの小さなレリーフが刻まれている。私はデルフトを訪問した際、その場所へ行き、あたりの運河沿いにしばしたたずんで時を偲《しの》んだ。彼はここで70年間生活し、ここですべての発見を行ったのだ。

しばらくは呉服商を営んでいたはずだが、その後、動機や経緯は明らかではないものの、27歳のとき、彼はデルフト市の下級官吏となった。仕事は市議会が開催される際の掃除、整理、火の準備などの雑用だった。おそらくレーウェンフックには一種の割り切りがあったのだろう。生活の糧《かて》を得るための時間と自分のための時間。彼は、自分の見たいものを見るための時間がほしかったのだ。

おそらくそれは自分の店の商品である布や反物を調べるという職業上の必要性から始まったのだろう。凸《とつ》レンズを用いた拡大鏡は既に存在していた。しかしまもなく彼はそれだけでは満足できなくなったのだ。レンズが光を集めて紙を焦がすように、好奇心が彼の心を焦がしていったのだ。もっと世界の成り立ちを覗きたい、より倍率を上げて見つめたいと。

精巧な高性能レンズ

デルフトの北にライデンがある。清潔で気品のあるライデンは、日本ではシーボルトの遺品蒐集《しゅうしゅう》で知られている。そんなライデンのとある裏通りにひっそりとブールハーフェ博物館の入り口がある。私が訪れたのは細い雨が降る肌寒い日だった。

ここは、科学史・技術史に特化した国立博物館で、その名はライデン大学の生物学者ヘルマン・ブールハーフェに因《ちな》む。彼は１６６８年、この地に生まれ、神学を修めたあと、自然科学に転じた。ライデン大学における医学、植物学、化学の教授として研究と教育に尽力した。臨床医学教育の開祖ともされている。

館内は、控えめな入り口からは想像できないくらい奥深く、鍾乳洞のような細い回廊でつながれた展示室が延々と続いている。とてつもない数の標本類――動物、植物、昆虫、岩石、骨格――中にはホルマリン漬けされたヒトの胎児まである。さまざまな装置や道具類。恐ろしいほど大型のメスやはさみなどの手術用具。出産時に赤ちゃんを引き出すために考案された奇妙なヘラのようなもの。頭蓋骨が陥没した患者を整形するために考案されたドリルとネジがついた見るからに痛々しい被《かぶ》り物。

見ているると、なんだか本当に眉間とこめかみの辺りに鈍痛がしてくる。一部屋一部屋を回るうちに、徐々に立ちくらみとも夢の中とも判別がつかない非現実的な離人感に襲われてくる。そしてヨーロッパ人たちのあくことなき蒐集癖に圧倒される。そういえばシーボルトもおびただしい数の標本を日本から持ち帰ったのだった。

しばらく奥に進んだところに顕微鏡の展示室がある。

レーウェンフックが作り出した顕微鏡＝ミクロスコープは、今日、私たちが顕微鏡と呼んでいるものとは似ても似つかぬ極めて奇妙な形をしている。それは手のひらに載るほどのサイズで、真鍮《しんちゅう》色の金属でできており、小さな靴べらかひしゃくのような形をしている。しかしよく見ると、ねじ構造やそれを回す取っ手が取り付けられている。

これは一体何だと思いますか？　と、予備知識のない人に問えば、戸締り用の金具か工作器具の一種と答えるだろう。しかし、この装置のキモは、靴べら状の平たい部分の上方にかすかに穿《うが》たれた小さな穴にある。ここに、精巧に磨かれた微小なレンズが挟み込まれているのだ。シングル・レンズ。

現在、私たちが使っている顕微鏡は、接眼レンズと対物レンズという二つのレンズがセットとなっているダブル・レンズ方式の顕微鏡だ。倍率はそれぞれのレンズの倍率の掛け算となる。普通は、接眼レンズ10倍、対物レンズは複数あって10、20、40倍などで構成され、倍率は100、200、400倍となる。レーウェンフックは、たったひとつのレンズだけで、現在の高級光学顕微鏡と比肩しうるだけの、300倍近い倍率を実現していた。金属板にはさまれたレーウェンフックのレンズはどれも非球形の高性能レンズだった。

正　面　　　　横から

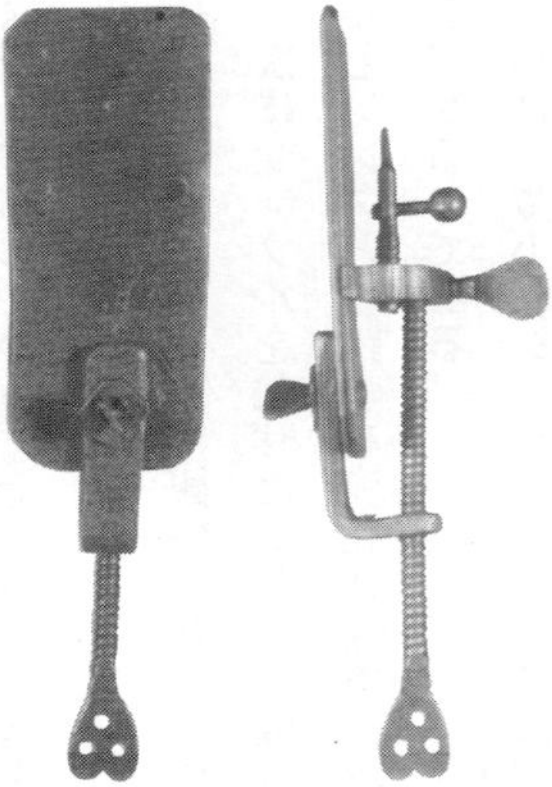

レーウェンフックの顕微鏡（ブールハーフェ博物館で
開催されたレーウェンフック展〈1982年〉のカタログより）

彼がどのようにしてこのようなレンズを作りえたのかはいまだに謎である。それは彼が自分の技術を注意深く秘密にしていたからである。できるだけ訪問者を避け、限られた見学者に対しても性能の劣るダミーの顕微鏡を見せ、最高倍率の顕微鏡は厳重に秘匿《ひとく》していた。このかたくなさは奇妙ですらある。

しかし、彼の営みが科学としてではなく趣味として行われていたことを思えば納得できないこともない。おそらく彼は丹念な試行錯誤を続けてレンズの研磨方法を極め、あるいはガラスを熱し、吹き、球体の一部にできた玉を切り出す方法を最適化してシングル・レンズを作りえたのだ。そして自分の最高の作品は誰にも触れさせたくなかったのだ。

レーウェンフックはこの自作の顕微鏡で、世界のあらゆる秘密の場所をこっそり覗いてみた。小さな昆虫や植物を、靴べらに取り付けられた尖《とが》ったネジ先に注意深く載せる。突き刺す場合もあれば、膠《にかわ》のような糊《のり》で接着することもある。池の水のようなサンプルは薄いガラス板に塗布《とふ》してから、そのガラス板をネジ先に留めて観察した。

靴べらの反対側からレンズを覗き込みながら、まず縦方向のネジのツマミをゆっくり回転させる。これによって、観察したい対象物がレンズの視界にちょうど入るよう上下を調整する。次にサンプルを載せたネジ先に取り付けられたもうひとつのツマミを回す。これはサンプルとレンズとの距離を変化させる、焦点深度調節ツマミである。これによってフォーカスをあわせるのである。

磨かれた微小なシングル・レンズは、その高倍率を実現することに不可避的に付随するものとして、大きな収差を持っていた。収差は視野のひずみとなってあらわれる。拡大できるのは対象物のほんの一部であり、そこを中心に顕微鏡像はレンズの周縁に向かって極端にひずんでぼけたものとなる。

おそらくレーウェンフックは、根気よくネジを回して対象物を少しずつずらしながら、その細部を拡大してはスケッチし、また次の細部へと視野を移動していったに違いない。サンプルを刺したネジの基部にはもうひとつツマミがついていて、これを回転させるとサンプルを360度、どの方向からでも覗くことができるようになっている。彼は、改良に改良を重ねてこの小さな顕微鏡を完成形に近づけて行った。それらはすべて彼の余暇の、ハンドクラフトによって行われたのだ。

アニマルキュール

彼の観察は、奔放で、恥じらいがなく、率直だった。ノミの口吻《こうふん》が驚くべき鋭さを持つことを見、シラミの足が完璧な脚力を生み出す理由を確かめた。ハエの頭を細かく解きほぐし、ハエにも考える脳があることを示した。

しかし、レーウェンフックをレーウェンフックたらしめたのは、見えるべくして見えるものを、見えるようにしたことによるのではない。彼は、見えなかったものを初めて見えるようにしたのだ。彼の、素朴で、系統性がなく、そして容赦のない観察がそれを可能とした。

ある日、彼は思いついた。「胡椒《こしょう》がピリリと辛いのは、その粒つぶに小さなトンガリがあるからに違いない。胡椒を食べるとそれが舌を刺すのだ」。文字通り、散々苦労したあげくに、乾いた胡椒の粉はそのままでは顕微鏡でどうしても観察できないという結論に達した。系統立った思考では全くなかったが、彼は胡椒を水に溶かしてばらばらにしようとした。柔らかくなるまで何週間も水の中に漬けておいた。一滴とって彼はのぞいた。

そこにはさすがの偏屈者をも驚愕《きょうがく》させるに十分な光景が広がっていた。

胡椒も、粒々も、トンガリもどうでもよかった。レンズの向こうには、「あちらこちらにひっくり返ったり転げだしたりしてじつにみごとにうごき回っているとりどりのほとんど信じがたいほど多数の小さい生きもの」が光っていたのだ。

レーウェンフックは、肉眼では見えないほど小さな生物がこの世界のあらゆるところに満ちあふれていることを初めて「見た」人間である。彼は科学者ではない。生涯、アマチュアとして、数百台以上もの顕微鏡を自作し、改良し、レンズを磨き、微細な視野に広がる驚くべき豊かな世界を記述しつづけたのである。彼は、微生物たちをアニマルキュール(animalcule =極小生物)と呼んだ。

アニマルキュールはどこにでもいた。外界だけではない。私たちの内部にさえも。わざと磨かないでいた歯のあいだから採取した食べかすの中。腸の中。下痢になったときの排泄物の中。彼はみさかいなく進んだ。いずれもそれは単なる材料のひとつでしかなかった。

精子の発見

1677年8月のことだった。レーウェンフックのもとにライデン大学の医学生ハムが白い液体を入れた小さなガラス瓶を持って息せき切ってやってきた。おそらくこの頃までにレーウェンフックの名は近在にはかなり知られたものになっていたのだろう。出入りする学生もいたのである。ハムが言うには、この白い液体は、身持ちのよくない女と同棲したために淋病にかかった男から採取したもので、この中になんと尻尾《しっぽ》を持った小さな動物が多数、蠢《うごめ》いているというのだ。

早速、レーウェンフックは自分の顕微鏡でサンプルを観察し、そこに確かに小さな生物の存在を認めた。やがて時間が経過すると、この小さな生物たちは皆、動きを止めていた。ハムは、これらの生物が病気もしくは腐敗によって生じたものと考えたようだったが、レーウェンフックはその後も、健康な男性から新鮮な精液を採取して観察を続けた。

彼の記録によれば、射精後6を数えるうちに観察したと書いていることから、このサンプ

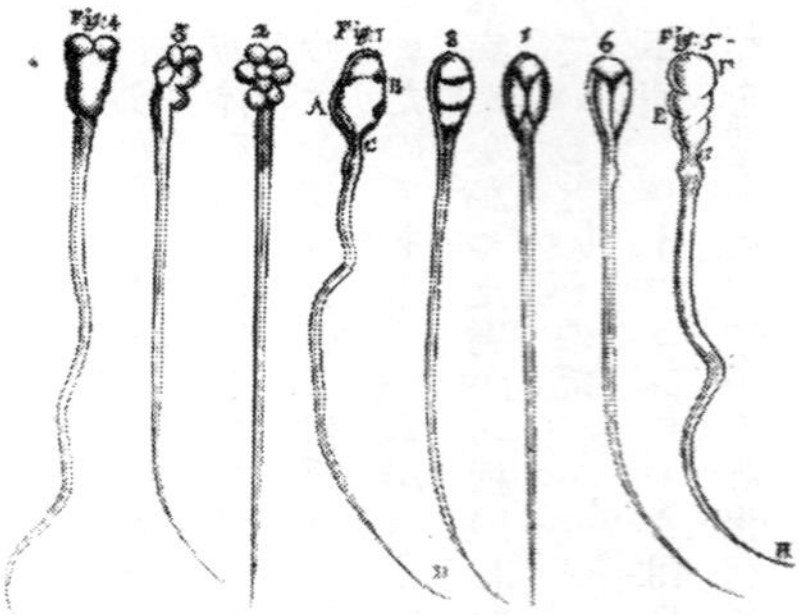

レーウェンフックが記録したさまざまな精子

ルは彼自身のものだったに違いない。

ただし、この点は彼自身もやや気がとがめたのかもしれない。次のような注釈が付け加えてある。「私が観察したものは、我が身を汚すような罪深い行いとは無縁であり、夫婦間の性交後に残留したものに他なりません」。本当だろうか?

いずれにしろ、観察結果は明白だった。小さな生物は病気や腐敗とは関係なくあまねく男の精液中に存在する。

「このアニマルキュール(微小生物)は赤血球よりも小さく、形はピーナツ豆に長い尻尾をつけたようなもので、ウナギが泳ぐようにその尻尾を動かして前進する」

精子発見の瞬間だった。

レーウェンフックはその後も詳細に精子を観察した。精子の各部分の区別、運動の様子、イヌやウサギなどの精子の頭部形状の違いなどを記録し、精子が生殖に関与していることを予想した。彼は、精子には雌雄の2型あるとまで述べているのだ（ただし、現在でも精子をその形態のみから区別することは不可能である）。

見えるとは

レーウェンフックの発見を今日私たちが知りうるのは、彼の手紙が保存されているからである。彼は当初、自分の見たものを誰かに知らせようとは考えていなかった。自分の発見のクレジットを主張しようなどとはさらさら思ってもみなかった。彼は純粋な意味でのアマチュアだったのだ。しかし彼の仕事——彼自身にとっては趣味——を知った友人たちが、当時、各国の新発見や新知識を集めようとしていたロンドン王立協会の事務長ヘンリー・オルデンバーグにレーウェンフックのことを推薦した。

オルデンバーグからの手紙に対して、レーウェンフックは次のような返信を送っている。

私は、多くの方々から私が新しく開発した顕微鏡で見たことを書くようにと、よく頼まれました。しかしいつもは断っていました。まず私は、自分の考えをうまく表現するような表現法も文筆力も持っていないからです。次に私は語学や技術の教育を受けていません。単に商売だけをやっていただけです。三番目に、他人からの反論や非難を受けるのを好まないからです。しかしながら、このたび、グラーフ博士の依頼により、私のこの態度を変えることにしました。

(『レーベンフックの手紙』C・ドーベル著、天児和暢訳、九州大学出版会、一部改変)

控えめな手紙とは裏腹に、おそらくレーウェンフックは飛び上がるほどうれしかったのだ。自分の成果はずっと自分だけで秘匿しておきたいと思うと同時に、それらは限りなく披瀝《ひれき》したいものでもあったのだ。

以降、彼は死の直前まで約50年間にわたり、200通以上もの手紙を王立協会に送り続けた。そこには微小な世界の詳細な記述と挿絵、時には標本そのものが添付されていた。レーウェンフック自身は母国語しか使えなかったので、手紙はすべてオランダ語で書かれた。手紙は清書され、また挿絵も彼自身のスケッチの他に専門の絵描きによって描かれたものも多い。レーウェンフックの張り切りぶりが見えるようだ。これらの手紙は次々と、英語もしくはラテン語に翻訳されて王立協会が刊行する科学専門誌「フィロソフィカル・トランスアクションズ」に掲載されることになった。

それらは、昆虫、植物、水中にすむワムシなどのせん毛虫、原虫、バクテリア、そして精子、ウナギの尾びれなどを観察することによって得られた血球と毛細血管循環の研究、結晶や鉱物など、夥《おびただ》しいまでに多彩、かつ極めて広範囲に及ぶ。こうしてアントニー・ファン・レーウェンフックはその名を科学史にとどめることになったのだ。

神の視力を神の視座たらしめるもの、それは実は、倍率や解像度、あるいはズームイン・アウトの反応性といったスペックそのものではない。それはすべてのことが「見える」ということ自体にある。

＊　＊　＊

見える、とは一体どのようなことを指すのだろうか。百聞は一見にしかず？　否、私たちは、一見しただけではほとんど何も見ることはできない。あるいは、私たちは、一見しただけでそこに、ホムンクルスを作り出すことができる。

私は理工学部の化学・生命科学科というところで教えているが、実験実習の最初の時間に、顕微鏡を使って細胞を観察させることにしている。ネズミの臓器、例えば膵臓や肝臓を薄くスライスした切片をスライドグラスに載せて接眼レンズを覗く。倍率は100倍から200倍程度。これくらいあれば動物細胞を観察するには十分である。

そこでおもむろに学生に言う。では、ノートに今見えているものをスケッチしてみて、と。学生たちは思い思いに鉛筆を動かしはじめるのだが、彼らが描いているものは、ちょうどクレヨンを握ることを憶えた幼児の絵と見まがうばかりに頼りなくとりとめのないものとなる。それは風にたゆたう糸くずのようにおぼつかない、不定形の細い線である。彼らの視野の下には、膵臓の細胞が、これ以上ないほどに一粒一粒くっきりと見えているというのに。

私は忘れかけていたことを自戒の意味をもって思い出す。私が膵臓の細胞を見ることができるのは、それがどのように見えるかをすでに知っているからなのだ。どの輪郭が細胞一つ分の区画であるのか、その外周線を頭の中に持っているからだ。その細胞の向きがどちらを向いているのかを、あるいは細胞の内部に見える丸い粒子がＤＮＡを保持している核であることを知っているからである。

かつて私もまた、初めて顕微鏡を覗いたときは、美しい光景ではあるものの、そこに広がっている何ものかを、形として見ることも、名づけることもできなかった。私は、途切れ途切れの弱い線をしか描くことができなかったはずなのだ。つまり、私たちは知っているものしか見ることができない。

補記……ちなみに精子の観察ならば、レーウェンフックの秘儀的なレンズなどなくとも（もちろん神の視座を持ち出すまでもなく）、百貨店などで売られている子供向けの教材顕微鏡で十分可能である。もし何らかの理由で不安をお持ちの男性がおられるなら、是非一度、自分の活度を自身の目で確かめてみることをお勧めする。ただし精子の命は、外部環境にさらされると急速に弱まるので、レーウェンフック同様、十分、観察の準備を整えてからサンプルの採取に着手する必要がある。精子のためを思えば冷えたペリエではなく、人肌に温められた水（理想的には0・9％食塩水）ですばやく薄めて、その一滴をスライドグラスに載せて顕微鏡にセットする。懸命に泳ぐ彼ら彼女らの美しさに打たれるはずだ。

第二章　男の秘密を覗いた女

小さな生命たち

ニセ。ダマシ。モドキ。子供の頃、保育社の『標準原色図鑑全集』が家にあった。貝、魚、鳥、植物、樹木、はては岩石鉱物までをも網羅していたが、二冊を除いてはほとんど新品同様だった。蝶と昆虫の巻だけ、カバーが擦り切れ、小口は手垢《てあか》で黒ずんでいた。

だから私の知識はいまだに大きく偏《かたよ》っている。私は幾度も幾度もページをめくっては不思議な名前の虫たちの姿を飽きずに眺めた。

ハムシという甲虫がいる。カブトムシのようにゴージャスでもなく、カミキリムシのように華麗でもない。1センチにも満たない丸みを帯びた小さな体。しかしそこには実に多彩な文様と色調に彩られた数多くの種類がある。それぞれに特徴を体現した個性的な名前がついている。ジンガサハムシ。ルリクビボソハムシ。ムナグロツヤハムシ。

このハムシに似たものにニセハムシがある。別に、ニセハムシがハムシのまがい物というわけではない。似ている種だというにすぎない。ただ発見が後先になったというだけでつけられた名前だ。さらにニセハムシに類似した種にニセハムシダマシというものまである。

穀物に発生する小さな虫にコクヌストという不名誉な名の虫がいる。好んで盗みを働いているわけではない。すべては生活のためだ。なのに濡れ衣の盗っ人をさらに貶《おとし》めんばかりのコクヌストモドキと名づけられた虫がいる。

ニセ。ダマシ。モドキ。汚名を着せられながら抗議の声をあげることもできない小さな生命。懸命に生きている虫たちのために、私はある弁明をここでしたいと思う。君たちのおかげで、今、私たちは性の秘密を知ることができているのだ。今から100年も前のことである。

彼女の視線

今日もようやく一日の講義日程が終了する。耳の奥には、わがままで、傲慢で、世間を知らず、それでいて特権的な若さを無防備に誇示する女子学生たちの嬌声《きょうせい》が、耳鳴りのようにまだこだましている。誰もいなくなった教室で、しばらくこうしてぼんやりクールダウンしないことには正気を取り戻すことができない。

窓の外はすでに日が落ちてすっかり暗くなっている。ブリンマーカレッジ。この小さな女子大学の補助教員が彼女、ネッティー・マリア・スティーブンズの昼間の仕事だった。教材の準備、実習の監督、後片付け、試験の採点。学生たちはきっと私のことを掃除のおばさん程度にしか思っていないことだろう。あるいは視界にすら入らないかもしれない。彼女たちにとって、私のような年齢の女は、イマジネーションの閾値《いきち》を超えた透明な存在なのだろう。かつての私がそう思ったように。しかしそのような感傷はいつもすぐに跡形もなく揮発した。おもむろにネッティーは自分だけの時間を開始する。

実験衣に着替えて、隣の準備室の棚に並べてある四角い容器のひとつを静かに下ろし、できるだけ揺らさないように水平に運び、実験台の上に置く。お菓子の小箱を転用したものである。そっと蓋《ふた》を開ける。中には白い粉が敷き詰めてあるのが見える。真っ白な小麦粉だ。しばらくするとあちこちに這い回るものが小麦粉の中にいることがわかる。それは体長1センチほどの蛆虫《うじむし》のような幼虫である。ネッティーはこともなげに指先ではらはらと小麦粉を掻き分ける。すると底からは茶色のさなぎ、そして手足をばたつかせて逃げ回る小さな小豆《あずき》大の甲虫がまろび出す。

チャイロコメノゴミムシダマシ。それが箱の中に飼われている虫の名前だった。わずかな設備と研究費でネッティーがまかなえる実験材料はこれしかなかった。昼間は講義や実習の助手をするかわりに、それ以外の時間は大学の設備を好きに使ってよい。それがやっとのこ

チャイロコメノゴミムシダマシ
写真提供：富岡康浩

ネッティー・マリア・スティーブンズ

とでフィラデルフィアの郊外に見つけたこのポジションの採用時の条件だった。立派な角や触角があるわけでもなく、赤や青の美しい文様を持っているわけでもない。くすんだ茶色の、とりたてて何の特徴もないチャイロコメノゴミムシダマシ。

しかし、ネッティーはこの虫が好きだった。魅せられていたという方が正確かもしれない。こんな小さな虫にもメスとオスがあり、ちゃんと卵子と精子があり、彼らは交尾を行って、子どもをつくる。ネッティーは器用にこの虫を解剖して、卵子と精子を取り出し、それを毎晩毎晩あくことなく顕微鏡で観察した。

顕微鏡観察をする時点で、すでに精子あるいは卵子たちは死んでしまっている。固定され、薄く切られ、染色されてしまうからだ。しかし、視野の内部に見えるものは、死そのものではなく、様々な段階でその活動を止められた精子または卵子の生の一断面である。いわばその瞬間を永遠にフリーズされた状態、つまり微分的に見た細胞たちの様子がそこにある。

精子のもとになる細胞、それが分裂して精子を作りつつある状態、出来上がったばかりの精子たち。一つ一つの活動は止められているにもかかわらず、顕微鏡の視野の内で視点をあちこちに移せば、一連の流れはほんとうに動いて見えるのだ。

そして不思議なことに、彼らはすべて止められているにもかかわらず、私たちの目には、時間がどの方向に流れているのかがわかるのである。それはちょうど、バラバラにされた映画フィルムのコマを拾い集めるとそこにドラマを紡ぐことができるのに似ている。

精子もしくは卵子が作り出される過程で、その内部に不思議な文様が姿を現す一時期がある。特別な染料を使うと、その文様は細胞の内部に赤紫色になって浮かび上がる。精子のもとになる細胞の内部に、あるとき突然、20ほどもの「粒」が出現するのだ。それらはまるで集団でバレエを踊っているように乱舞しながらも、次第に中央部分に整列してくる。次の瞬間、踊り子たちは鮮やかに二手に分かれながら後退する。そのあと細胞は分裂し、二つの精子ができる。卵子の誕生の際にもほとんど同じドラマが繰り広げられる。

精子と卵子が作られるとき、その細胞分裂に先行して奇妙な動きをする不思議な粒子。カルミンあるいはヘマトキシリンと呼ばれる染料によって鮮やかに染め出される不思議な粒子。染色体と名づけられたこの粒子たちのふるまいは、生命の成り立ちに関してきっと、極めて重要なボディ・ランゲージを発しているに違いない。

大きな壁

顕微鏡で観察を行うとき、もっとも大きな障害となるもの。それは対象物そのものの〝厚み〟である。厚みは光の透過を妨げる。顕微鏡は構造上、覗く方向とは反対側から光をあて、その光が対象物を通過してできた像を眼で捉える。したがって対象物が厚すぎると、光はそこでブロックされてしまい、対象物は真っ黒なゴミの塊にしか見えない。

たとえ光がなんとか透過できる厚みであっても、もしそこになお細胞の層が何層か重なっているようなサンプルであれば、見える観察像は二重写しした写真のようにぼやけた線が幅《ふく》輳《そう》する、不明瞭なものとなってしまう。

そこで微小世界の観察者たちが心血を注いだのは、いかに対象物を薄く〝削《そ》ぎ切り〟するかという課題だった。自然がすべて、ムラサキツユクサの葉裏のようなものであれば事は簡単だった。ゆっくりと薄皮を引き剝《は》がす。そこには一層の細胞が均一なシート状に広がった、透明で端正な世界がある。

しかし私たちの身体のほとんどは、脳にせよ、肝臓にせよ、筋肉にせよ、ぎっしり詰まった細胞の塊からできている。チャイロコメノゴミムシダマシの精巣あるいは卵巣も全く例外ではない。これらの成り立ちを調べるためには、塊を薄く薄く、削ぎ切りにした「切片」を得る必要がある。そこに要請される薄さは約10マイクロメーター。これが細胞ひとつ分の厚みにほぼ等しいからである。10マイクロメーターは、1ミリの100分の1。いかに天才的な料理人といえども、また、どんなに研ぎ澄まされた包丁を用意したとしても、マイクロメーターの薄作りは不可能である。

いや、精子のような単独で運動している対象物なら削ぎ切りにする必要などないではないか。そのとおり。レーウェンフックはまさにただ見ただけで見えるものとして精子の存在を発見した。しかし今、私たちが見たいのは、個々の精子の存在だけでなく、精子たちが押し合いへし合いしながら作り出されている現場と、ひとつひとつの精子の中身なのだ。そこには本当に、立てた膝《ひざ》に腕を回して体育座りした小人ホムンクルスが潜んでいるのかどうかを調べたいのである。それをはっきりさせるためには、精子の頭部をスパッと削ぎ切りにして内部を覗いてみるしかない。

天才料理人の手にかかっても、マイクロメーターレベルの刺身が切り出せないのにはわけがある。生物が文字通り、なまものだからである。水をたっぷり含み、極めて柔らかな内容物を含みつつ、硬い腱や繊維質で覆われた臓器や組織は、弾性に富み、同時に、脆《もろ》くもある。これを無理矢理切ろうとすると、柔らかな部位は潰《つぶ》れ、硬い部分は伸びるだけ伸びた挙句に引きちぎられることになる。美しく切り出された刺身の断面は、だから、ミクロな眼で見ると月面以上に凹凸が広がる荒野となる。

生命のみずみずしさを保つために

しかし。この問題に直面し、それを突破しようとした人々は、おそらく優れてクラフツマンシップに富んだ、具体的な感覚の持ち主だったにちがいない。たしかにカツオの刺身はミリ刻みで作ることはできない。でも、カツオが、かつお節であれば？

かつお節には、十分な硬度があり、しかも水分含量が低く、不均一な弾性がない。かつお節削り器の刃を研ぎ澄まし、かつ、その刃先の位置を微妙に制御してやれば、かつお節の表面から、ミリよりもずっと薄い削り節のひとひらが得られるに違いない。

実に、今、私たち生物学者が使用しているミクロトームと呼ばれる切片の切り出し器は、かつお節削り器と全く同じ原理に基づいた装置である。ただし、ミクロトームは、かつお節の側ではなく、刃の側が動く。微調整が利く台座の上に取り付けられた、飛びぬけて鋭利な刃は、ハンドルを1回まわすごとに優雅な円運動の弧を描いて、サンプルの表面をわずかにかすめる。このときサンプルから、極めて薄い切片が削り取られる。息を殺して作業しないと、ひとひらの削り節はすぐにどこかへ飛び去ってしまうほど薄く小さい。ほとんどの場合、削りだされた切片は、刃先の上に天使の透明な羽のようにそっととどまっている。私たちは習字用の細い筆を用意していて、切片をそっと筆の毛先に移しとる。それをスライドガラスの上まで慎重に運ぶ。

問題の核心は、刃の側ではなくかつお節の側にある。いくら薄いかつお節を削り取ることができたとしても、残念ながら、かつお節からは、魚の、力に満ちた筋肉細胞の様子も、そしてこれから私たちが観察しようとしている染色体のありさまも、全く見ることができない。そこにあるのは焼け跡か廃屋のような暗い柱と梁《はり》の残骸だけである。

カツオがかつお節になるあいだに繰り返された乾燥・加温・脱水などの工程で、生命のみずみずしさはすっかり失われ、細胞の形もその中の微細な構造もすべてが破壊されてしまっているからである。

では、カツオの細胞の様子をできるだけ生きた状態に近いまま、つまり細胞の形態や微細構造を保ちつつ、〝かつお節〟をつくるにはどうすればよいだろうか。

この技術は長い試行錯誤の歴史を経て、ネッティーの時代、つまり今から100年前までにはほぼ完成された形になっていた。ここにもまたクラフツマンシップが遺憾なく発揮されている。現在、私たち生物学者が顕微鏡観察を行う際にも、この技術がほとんど変わることなく踏襲《とうしゅう》されている。私は、大学の生命科学専攻の学生に、この優れた技術とその歴史の一端を追体験してもらうことにしている。

技術の過程

麻酔をかけた実験動物から臓器または組織が小さく切り取られる。それらはつややかで、ウエットで、場合によっては血が滴《したた》っている。顕微鏡で見るためには米粒ほどの大きさの臓器のかけら（臓器片）があれば十分だ。それだけでもそこには数万個以上もの細胞が塊となって存在している。これをすばやくビーカーに入れたホルマリン溶液に浸漬《しんせき》する。

おどろおどろしい小説や映画では、ホルマリン漬けの胎児標本などというものが登場するが、ホルマリンの実体は架橋剤《かきょうざい》もしくは固定剤と呼ばれる化学物質だ。ミクロなレベルで、短い棒の両端に洗濯バサミのような留め具がついたもの、と思っていただければよい。これが細胞内外のあらゆる場所にしみこんでいって手当たり次第に、両端の洗濯バサミを留める。この留め具は実際の洗濯バサミと異なり、不可逆、つまり一度はさむと二度と外れない。こうして細胞を構成するすべての分子の間が前後左右上下につなぎとめられる、すなわち架橋される。このような方法によって脆い、そして精巧な細胞の構造を保存・補強するのである。

しかし、この段階では細胞はたっぷりと水を含んだ柔らかな状態にあり、ミクロトームでごく薄く削れるような硬さがない。一方、ここから加熱や乾燥によって水を取り除いてしまうと、その骨格は架橋されているとはいえ、細胞は風船がしぼむように形を変えて縮んでしまう。そこで水を抜くのではなく、水を〝他の分子〟に置き換えることが必要となる。

〝他の分子〟に要請される性質は、水のように細胞の隅々まで浸透していくようなものでありながら、水のようにウエットで柔らかなものではなく、かっちり、がっしりと細胞に硬度を与えるようなものでなければならない。液体のように流動性がありつつ、固体のようにしっかりとしたもの。

　そんなものがあるのだろうか。それがあるのだ。蠟《ろう》である。蠟は熱を加えるとさらさらと流れ落ちる流体となり、冷えると硬い固体となる。このような成分で、細胞の水を置き換えてしまえば、細胞は自由自在に削ぎ切りできるようになる。ただし。蠟は油の一種だ。水と油はなじまない。たとえ細胞を、溶かした蠟の中につけても、蠟は水をはじくので、水で満たされた細胞の内部に浸入することができない。

　ならばどうすればよいか。徐々に攻めていくしかない。ホルマリン固定された臓器片は、まずアルコール溶液に漬けこまれる。最初は10％、ついで20％、その次は30％とアルコール濃度が増加される。実際には、濃度の異なるアルコール溶液を入れたビーカーを並べておき、臓器片を順々に移し換えていくことになる。ひとつのビーカーには10分ほど漬かることになる。そして、最終的に臓器片は100％アルコール液に漬け込まれることになる。この時点で、臓器片の細胞内外の水分子はアルコール分子と置き換えられたことになる。アルコールは水と相性がよく、水といくらでも交じり合うが、水よりもすこしだけ油に近い。つまり細胞の環境は少しだけ水から離れることになる。

ついで臓器片は第2ステージの温泉めぐりをする。アルコールの中にキシレンという液体を混ぜた溶液に漬けられるのだ。キシレンはアルコールとよく混じり合うが、アルコールよりもさらに少しだけ油に近い。それゆえキシレンは直接、水とは混ざり合わない（二層に分かれてしまう）。キシレンの濃度が10、20、30％と徐々に増加されたアルコール溶液の中を、臓器片は順々に巡っていく。段階を追って作業する理由は、徐々に分子をアルコールからキシレンになじませながら置換していくためである。急激な環境変化では十分な分子の置換が起こらない。せっかちな人には向かない仕事である。

こうして臓器片は、最終的に100％のキシレン液に漬かることになる。つまり、臓器片はどんどん油に近い環境に置き換えられる。

次に、ようやく蠟が登場する。私たちが使用する蠟は、ロウソクの蠟よりも純度の高いパラフィンと呼ばれるものだ。パラフィンは室温では硬い白色の固体、60度以上に熱するとさらさらの透明な液体となる。液体でないと作業が進められないのでここから先はすべて加温した溶液で行われる。

パラフィンをキシレンに混ぜる。例によって徐々にパラフィンの濃度を増した段階的な溶液を用意しておく。ここを順に臓器片は潜《くぐ》り抜けていく。このようにして臓器片は水、アルコール、キシレンと徐々に油に近づき、最後にどっぷりとパラフィン漬けになる。

ここから先の作業は、まさにハンドクラフトの世界だ。学生にやらせると嬉々として楽しめる人と、見ていてもハラハラするようなおぼつかない人にくっきりと分かれる。臓器片を漬け込んだパラフィン液は60度以上に加温している間は液体である。

この液を臓器片ごと、ビーカーを傾けて一気にアルミフォイル（お菓子づくりをする際に使うギザギザのついたカップ形のもの）に流し込む。ちょっと冷えて固まりかけたら、す（割れ目）が入らないようにアルミフォイルカップもろともドボンと冷水につける。

パラフィン包埋《ほうまい》された臓器片ケーキの出来上がり。アルミフォイルを外すとギザギザのついた、形だけは小さなマフィンのような、しかしマフィンとは似ても似つかない蠟の塊がまろびでる。

この中に米つぶのような臓器片が封じ込められている。これを小刀で切り出すのである。固まったパラフィンはさくさくと小気味よく切れる。文字通り蠟細工だ。臓器片を中心に1センチ角程度のサイコロ形に成形していく。もちろん肝心の臓器片自体には小刀が触れないよう注意しなければならない。サイコロができたらこれを一回り大きい台木に貼り付ける。台木はちょうどマージャン牌《パイ》のサイズで手になじむ。こんなものもちゃんと実験器具商が扱っているのだ。

ガスバーナーで軽く熱した平たいスプーンに、サイコロを載せると熱でその面のパラフィンが少し溶け出す。これをすばやく台木に置くと溶けたパラフィンが接着剤となってサイコロは台木にしっかりと固定される。これでやっと準備が完了した。台木は何のために必要かといえば、パラフィン包埋サイコロを、ミクロトームに取り付ける際の〝取っ手〟になるからだ。サイコロは、薄い鋭利なミクロトームの刃を受け止めるため、万力に似た固定具にしっかり挟みこまれる。挟むのにパラフィンでは固体とはいえ柔らかすぎるのである。

ハンドルを1回まわすと、サイコロの表面をわずかにかすめるようにミクロトームの刃が通り過ぎる。臓器片から透き通るほど薄い〝かつお節〟が削り取られることになる。ハンドルの回転操作1回につき数マイクロメートルだけ、サイコロを挟んだ固定具が刃に向かって前進する。ミクロトームの刃がここを通り過ぎると、再び薄いかつお節が削り取られ、固定具はまたほんの一歩だけ前進する。

観察を支えた信念

ネッティーは、小さな昆虫の解剖から始まり、サンプルの固定、パラフィン包埋、ミクロトームの操作、そして染色など、観察に必要なすべての技術に精通していた。このとき彼女はすでに40歳を超えていた。

精子もしくは卵子を観察し、その中の染色体の数を数える際、最も重要なことは今、自分がどこを覗いているのかということを正確に把握していることである。

精子も卵子も三次元の球体構造をしている。その内部に、ある瞬間、染色体が整列する。外からその様子を見ることはできないので、球体を輪切りにして調べることになる。ちょうどキウィにナイフを入れるように。

しかし、ナイフを入れる方向によって、キウィの輪切りの中の模様は全く異なって見える。キウィの頭（枝にぶら下がっていた方）を北極、その反対のおしりの側を南極とすれば、極を結ぶ軸に垂直な〝赤道面〟に沿って切り出された切片にはリング状に配置された種が見える。もし、縦方向、つまり経度の線に沿ってナイフが入れば種は紡錘形《ぼうすいけい》に広がって見えるはずだ。しかし、ナイフはかならずしも軸に沿って水平もしくは垂直に入るとは限らない。斜めに入ることもあり、それはキウィの胴体を大きく横切ることがある一方、キウィのおしりに近いところをほんの少しだけかすめることもあるだろう。だから、キウィを数回、ナイフで切ったところで、そこにどのような配置で、何粒くらいの種が並んでいるのかを言明することは決してできないことになる。

パラフィン包埋した精子もしくは卵子をミクロトームで切り出す場合にも全く同じことが言える。ミクロトームが今、切り出した切片が、精子の、もしくは卵子のどの部位を切断したのかによって染色体の見え方は全く異なる。端を少しかすめただけの視野にはひとつの染色体も見えないはずだ。胴体の一番大きな赤道面を横切って切断すれば、そこには多数の染色体が見えるだろう。しかし、その断面にすべての染色体がもれなく含まれているかどうかは全く保証の限りではない。第一、精子も卵子も、切片を切り出す時点では、その姿を見ることは肉眼では全くできないので、ミクロトームの一回転が、あまたある精子の球体のどのあたりの場所を切り出しているかはわからない。キウィを切るのとはわけが違うのだ。

ならば、ネッティーは染色体の数を正確に数えるために何をすればよいのだろうか。彼女は自分の行うべきことを知っていた。そしてそれがどれほど集中力を要することであるかも。

ミクロトームをまわして、パラフィン包埋された精子サンプルから、切片の切り出しを行う。切片を回収し、注意深くスライドガラスの上に置く。そしてもう1回ミクロトームをまわす。サンプルを載せた台座は1回切片を切り出すごとに数マイクロメートル前進する。だからたった今、切り出された切片は、先に切り出された切片と隣り合わせに連続しつつ、ほんの数マイクロメートルぶんずれた場所から切り出されたものである。この切片を注意深く回収し、先ほどの切片の隣に並べて置く。そして次の同じ作業に入る。その工程を繰り返していくと連続した切片が次々と回収されることになる。

普通に身体を構成する細胞はすこしずつ大きさに差があるものの、おおよそその直径は数十マイクロメートル以内である。それゆえ連続切片を10枚から20枚回収すれば、その中には必ず少なくともひとつの細胞の頭から尻尾まですべての輪切りを含んだものを回収できることになる。キウィを10枚のスライスにして順に並べたごとく。

ネッティーは、一連のスライスを順に観察して、ある一つの精子あるいは卵子の見えはじめから見え終わりまでが含まれることを確認したうえで、その中に見えはじめてやがて消えゆくすべての染色体の数を数えあげ、自分の頭の中で細胞内部の三次元構造を再構成したのである。むろん、連続切片はいつもいつもきれいに回収できるわけではない。ミクロトームのちょっとしたブレによって切片はちぎれたり、しわになったり、厚すぎたりして損なわれる。あるいはふと風にさらわれて行方不明になる。

それでもネッティーは観察を続けた。運よく一枚にすべての染色体が残らず捉えられた切片が切り出されることもあったろう。しかし、それは前後の連続切片がきちんと捉えられていればこそ初めて言えることである。ネッティーはそのような切片の像を論文発表用に精密にスケッチした。染色体の数に関するネッティーの信念は、染色体の一つ一つをまさに手に取るような、そんな実験結果に対する文字通りのつぶだち感に支えられながら、徐々に揺るぎのない形をとっていった。

ある論文

ここに１９０５年に、ネッティーが発表した論文がある。およそ100年前のこの論文を私は苦労して探し、ようやく東北大学図書館の書庫に保存されていたカーネギー研究所紀要からそのコピーを得た。

精子形成についての研究――付随染色体に注目して――

こう題された論文は30ページ。ネッティーの単著である。わずかな成果が出るとそのたびに短い論文を書き、そこに関係者全員の名前をずらずらと連ねて、質より量を稼ごうとする今日の学界の習俗から見るとたいへんな大論文だ。

その中にはなんと241の図がある。顕微鏡で観察された精子の精密なスケッチで、顕微鏡像を写真化する技術がまだなかった当時、すべては彼女自身の手で描かれたものである。ネッティーは、非常に平明な英文で論文の最後を次のように締めくくっている。

性決定に関していえば、本論文において最も興味深い知見は、チャイロコメノゴミムシダマシにおいて観察された次の事実である。オスとメスとの間で、体細胞の染色体の数自体に差はない。しかし、ひとつの染色体に関してのみ、その大きさに差がある。メスの体細胞には20個の大きな染色体が存在する（図a）。オスの体細胞には19個の大きな染色体とひとつの小さな染色体が存在する（図b）。

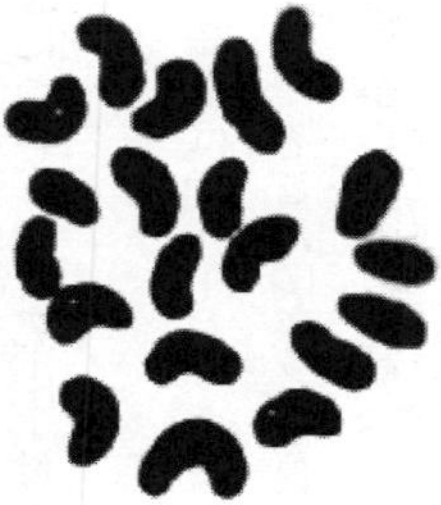

（図 a ）

sは小さな染色体、つまりY染色体

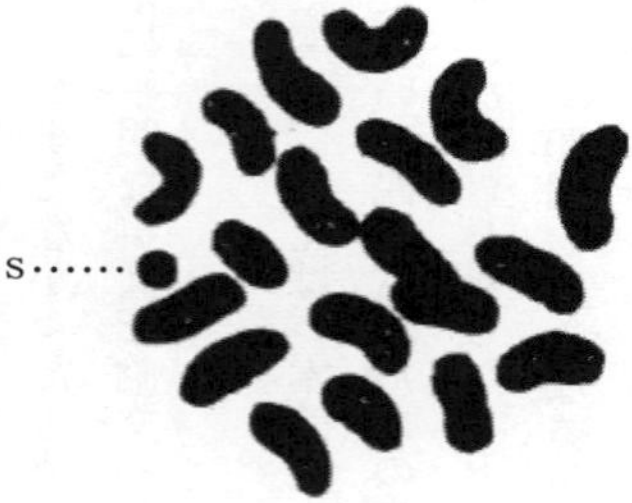

（図 b ）

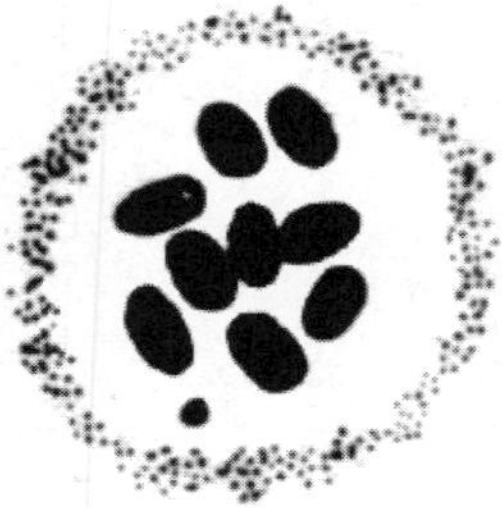

（図 c ）

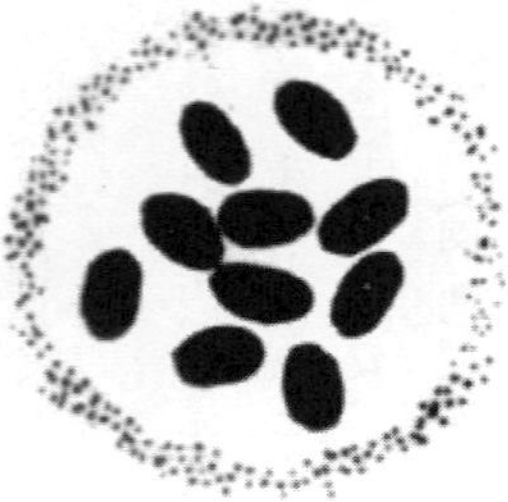

（図 d ）

メスの卵子は染色体の数と大きさに関してどれも同じである。そこには10個の大きな染色体が存在する。一方、オスの精子には二つのタイプがある。第一のタイプは、9個の大きな染色体とひとつの小さな染色体があるもの（図c）。第二のタイプは10個の大きな染色体をもつものである（図d）。これは間違いなく確実な（absolutely certain）観察結果である。

つまり以下のように推論できる。この小さな染色体を含む精子と受精した卵子はオスを生み出す。10個の大きな染色体だけからなる精子と受精した卵子はメスを生み出す。

（著者訳）

精子のうち半数――私たちが神の視座から〃青い色の精子〃と呼んでいたもの――の内部に含まれる小さな染色体。今日、Y染色体と我々が呼んでいる染色体。性決定の遺伝メカニズムが「見えた」瞬間だった。

もちろん誰の目にもそれが見えたのではなく、ネッティー・マリア・スティーブンズの目だけがそれを見たのだ。ところが全く不思議なことに、ネッティーがそう言明して以来、彼女だけに見えていたものは、誰の目にも見えるようになったのである。

補記……ネッティーが研究を行ったブリンマーカレッジは、津田塾大学の創設者、津田梅子の留学先でもある。梅子は少女時代を米国で過ごした後、再び１８８９年、24歳の時、渡米した。奇しくも、梅子の専攻は生物学で、カエルの発生過程を研究したという。ネッティーは梅子の帰国後、当地に赴任したので直接の交流はなかったものと思われるが、同じ研究室を使ったかもしれない。

第三章　匂いのない匂い

秘密の場所

人をして全く別の何者かに変化させてしまう。そんな書物がある。心と姿を変えられた者は、その書物について固く口を閉ざして何も語ろうとしない。あるいは言葉そのものを失う。それゆえ、その書物がどのようなもので、いかにして人に作用をもたらすのか、はっきりとした証言はどこにもない。断片的な伝聞があるだけだ。しかしそれは実在し、密《ひそ》やかに受け渡されている。

その書物には人を捉えて離さない強い力が内包されている。書物を手にした者は寝食を忘れて読みふける。そこに記されていることを、それがどんなに些細《ささい》なことであろうとも細大漏らさず読みとろうと。

この書物を読み通すことは並大抵のことではない。なぜなら書物は信じがたいほどの大部だから。そこには極めて薄い滑《なめ》らかな紙が使われていた。わずかな厚みにしか思えなくとも幾重ものページが重なっている。そして各ページは、いずれも端から端までびっしりと恐ろしく小さな文字で埋め尽くされている。すこし離れるだけでそれは緻密に織られた布地のように見えた。書物全体は1ページあたりに約1000文字が書かれているとして、数万ページからなっている。しかも読み通しがたいことに重複や繰り返しが多く、読み手は自分がどこまでを読んだのか見失うこともしばしばあるという。

書物の力を信じ、その来《こ》し方《かた》と行《ゆ》く末《すえ》を追う限られた人々がいた。彼らの間で、書物に隠された秘密のありようが、ぼんやりとながら把握されるようになっていった。

＊　＊　＊

手がかりは全くの偶然から得られた。それほど古い話ではない。

1966年のある日、書物がある人物から別の人物に手渡されようとした。そのとき、長い年月のせいで、この堅牢《けんろう》な本を綴《と》じていた背表紙の糸がほつれ、二つに分かれてしまったのだ。正確に言えば、前半の三分の一と後半の三分の二とに。それぞれの部分は、この本との出会いを待ち望んでいた別々の人物によって読み始められた。するとどうだろう。前半部分を手にした人物の方にまもなく変化の兆《きざ》しが表れたのだ。

彼女は、――そう、その人物は、たまたま女性だったのだが――身体の変調に気づいた。

鏡をのぞくと、頬が落ち眼がくぼんできたように感じた。やがて自分の声がこころなしか低くなり、また前よりも毛深くなったような気がした。やがてそれは明白な変化を伴って現れ始めた。それは誰か他人に、それがどれほど身近な者であったとしても、あるいは身近であるがゆえにこそ、簡単に話せるような変化ではなかった。自分は、確実に女でなくなりつつある。自分は異なるものに変わり始めているのだ。

　後半部分を読んだ人物の方には何事も起こらなかった。つまり判明したことはこうである。書物に隠された力は、書物全体に広がっているのではなく、ある部分に限局されている。そしてそれは前半三分の一のどこかに。

　最初は誰も気づいていないことだったが、その書物のある1ページに特別な秘密があった。そのページが読み手を異なるものに変化させていたのだ。しかし単に字面を追っていただけでは秘密の鍵は見えない。なぜなら秘密は、そのページに文字通り見えない形で仕組まれていたからである。それは文字の中ではなく、文字の間に染みこませてあったのだ。見えないだけでなく、それには匂いもなく味もしなかった。

　しかし、読み手がそのページを開き文字列を追うのに没頭してしばらくすると、匂いのない匂いは行間からほのかに揮発をはじめる。そしてひそかに読み手の鼻腔《びくう》に入り込む。奥の粘膜に浸透したあと、神経を遡行《そこう》し、あるいは血管をめぐって、全身に拡散する。やがてそれは読み手の精神と肉体のすべてを捉えるのだ。匂いはほんのわずかな量だけで確実にその効果を発揮した。読み手の脳は変質し、姿は別の形に変わる。

偶然のいたずら

しかし一体、書物のどのページからその匂いが立ち上ってくるのかはわからなかった。それがわかれば書物の謎が解ける。しかし注目すべき知らせはその後長い間どこからももたらされなかった。書物には少なからず写本が存在していた。それが作製された当時、いずれも同じ細工がなされたとされる。つまり同じページに鍵は隠されている。書物はいずれも極めて大切に扱われ、たまに損傷が起こっても注意深く補修された。そのため本が意図的に分けられたり、部分的に散逸が起こることはほとんどなかった。

偶然のいたずらは20年後の１９８６年に訪れた。偶発的な乱丁なのか、あるいは修復作業上のミスなのか、書物の一部が抜け落ち、他の、全く別の、しかし装丁や外形が似た書物の一部として綴じこまれてしまったのだ。

もともとこの書物には、それぞれのページが全体のどこに位置するのかを表すノンブル（ページ番号）のようなものは付されていなかった。文字列以外の余分なものは一切書かれていないのだ。それでも脱落した部分は、書物の前半三分の一の中の、さらに限られた一部であるように思われた。なぜなら書物の「効力」が、その一部を綴じこんでしまった先の本を読んだ者に表れたからである。

この事件の重要性をいち早く悟ったのが、MITの若き研究者、デイビッド・ペイジだった。ペイジは誰よりも早く事件の現場に駆けつけた。そして遺された証拠物品をボストンの研究室へ持ち帰り、解析を開始した。まもなく驚くべき事実が判明した。

1966年の時点で、書物の前半、三分の一にはなお8000ページが含まれていた。この中から何の手がかりもなく問題の1ページを探し出すのはとてつもなく困難であり、また敵の正体がわからない以上、その作業を闇雲に行うのは危険ですらある。それが1986年に発見された事象によって、意外なほど問題の範囲が絞り込まれたのだ。原典から抜け落ちて、他の書籍に紛れ込んだ部分はページ数にしておよそ数百。それは8000ページの真ん中に位置するものだ。分析からペイジはおよそこのようなあたりをつけた。探すべき範囲は一挙に十分の一以下に狭まったのだ。

とはいえ、その数百ページにもまだ膨大な文字が延々と書き連ねられていた。しかし、すでにページは一人自らの心に誓っていた。自分こそが問題のページに一番先に到達する。そこに何が書かれているのかを読み取る。そしてそこからいかなるものが立ち上り、ヒトをしてその精神と肉体を変えうるのかを突き止めるのだと。彼の武器は分子生物学だった。

全46巻の一大叢書

チャイロコメノゴミムシダマシは、その父から10巻、その母から10巻の百科事典をもらい受けている。ネッティー・マリア・スティーブンズが顕微鏡の中に見た20個の小さな粒々がそれである。

1905年のネッティーの観察では、その粒々ひとつひとつが書物であり、そこに夥《おびただ》しい分量の文字が書き込まれていることはもちろん全くわからなかった。細胞の核の中に赤く染まる粒が見えただけである。それでも彼女は、その粒々のふるまいが、性の決定に文字通り決定的に関与していることを察知したのだ。そう。もしあなたがチャイロコメノゴミムシダマシのオスならば、父からもらい受けた10巻のうち、最後の1巻だけは際立って小ぶりのものだったはずだ。小ぶりとはいえ、それがあなたをオスに導いたのだ。

私たちヒトもまたその両親から百科事典をもらい受けている。チャイロコメノゴミムシダマシに比べると巻数もボリュームも大きい。とはいえ、大威張りできるほど差があるわけではない。私たちヒトは、父から23巻、母からも23巻の書物をもらい受ける。各巻はそれぞれ大きさとページ数が異なる。しかし父由来の書籍と母由来の書籍の各巻は互いに相同である。つまり父の第1巻と母の第1巻は同じボリュームであり、内容もほぼ同じである。第2巻、第3巻と以下同様に対応関係が続く。

精子および卵子によって運ばれた23巻ずつふたそろえの百科事典は受精卵の中で合一され、全46巻の一大叢書《そうしょ》となる。叢書は勤勉な受精卵中の仕組みによって写本がつくられる。受精卵が分裂して二つに分かれるとき、46巻の叢書は、46×2セットとなり、分裂したそれぞれの細胞へと分配される。これが延々と、かつ黙々と繰り返され、私たちの身体のすべての細胞は、脳でも心臓でも膵臓でも、その細胞核の内部に同一内容の全46巻の百科事典をもつことになる。各細胞はこの百科事典から随時、必要な情報を呼び出して生命活動を行っている。

唯一の例外は他でもない、精子と卵子である。精子には精子を作り出すもととなる細胞がある。卵子には卵子を作り出すもととなる細胞がある。もととなる細胞の中には46巻の百科事典が並んでいる。この細胞が二分裂して精子もしくは卵子を作り出す。しかしこの細胞は分裂に際して百科事典46巻をコピーして倍加することをしない。単に、46巻を二つに分けて23巻ずつにするのだ。そもそも46巻は父と母から来た23巻ずつの2セットであったから、元の状態にもどすことになる。

ただし、今、あなたが作り出す精子（もしくは卵子）に振り分けられる1セットずつの百科事典は、あなたの父と母がくれたとおりそのままの23巻ずつではない。父と母がくれた23巻ずつの百科事典はあなたの細胞の中で合一され、ガラガラポン！　と混ぜ合わされているのである。それが再び二分されるときまでに内部の情報はずいぶんとシャッフルされている。

だからこそ、あなたはあなたの父または母とすこしずつ似ているけれどそっくり同じというわけではなく、あなたの子どもも、あなたとあなたのパートナーとに似ているようでいて似ていないのである。同じ父、同じ母から生まれた兄弟姉妹でも、その都度シャッフルされて出来た精子と卵子の合体結果として現れるため、全く同じ組み合わせは二度と起こらない。

23巻ふたそろえの百科事典のシャッフルは、むろん全くでたらめに起こるのではない。23巻の事典には順に、第1巻、第2巻、第3巻と名称がつけられており、父由来と母由来の同じ巻の同じ章にはほぼ同じ内容が書かれている。

しかし文章ごとにほんの少しずつ異なる表現、異なる描写の内容を含んでいる。シャッフルは、たとえば、父からきた第1巻と母からきた第1巻との間の、それぞれ対応する章の間で、細胞分裂ごとに交換が起こるのである。ここで文体の微妙な差が混合され交流が生じる。この情報交換こそが私たちに多様性と変化の可能性をもたらしているのである。一方、百科事典全体から見ると構成自体にそれほど大きな変更は起こらない。だからこそ私たちの種としての基本形が保たれているのだ。ミクロを変えつつマクロを保っているのである。

もしあなたが女性なら、あなたの卵子のもとになる細胞が二分裂して二つの卵子が形成されるとき、46巻の百科事典は、均等な23巻ずつの2セットに分けられてそれぞれの卵子の中に分配される。

もしあなたが男性なら、精子の形成において少しだけ異なったことが生じる。精子のもとになる細胞が二分裂して二つの精子が形成されるとき、46巻の百科事典は、23巻ずつの2セットに分けられる。しかしこの2セットは完全な均等ではない。46巻のうち最後の1巻だけはなぜか際立って小さな（書籍のたとえでいえば薄い）ものなのだ。

これがネッティー・マリア・スティーブンズの発見、すなわちチャイロコメノゴミムシダマシのオスが一つだけ持っていたひときわ小さな赤い粒子に相当するものである。だから、

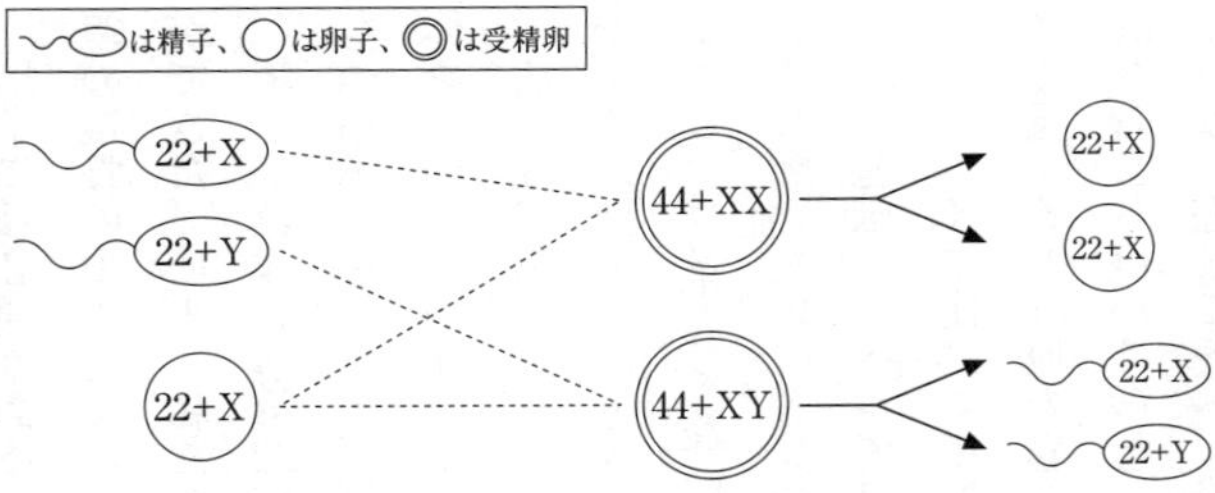

ちょっとだけ図式的なおさらいをしておこう。男性が作り出す精子には次の２通りがある。

22+X型
22+Y型

女性が作り出す卵子は次の１通りのみ。

22+X型

その結果、受精卵には次の２通りがありうる。

44+XX の受精卵は女性となる。
44+XY の受精卵は男性となる。

女性からできる卵子は、22+X の１通り。対して、男性からできる精子は、22+X と 22+Y の２通りとなる。

46巻が二分されるとき、一方の精子には22巻の書籍と1巻の小さな書物、他方の精子には23巻の書籍が、不均等に移送されることになる。

Y染色体——ちっぽけな存在

さて、そろそろこの23番目の小さな、しかし大きな謎を秘めた書物を、ネッティー・マリア・スティーブンズに敬意を表して、Y染色体と呼ぼう。ネッティーがチャイロコメノゴミムシダマシにおいて見出したことが、全くそのまま同じ仕組みとして、私たちヒトの性決定にも使われているのだから。

精子には2通りある。外形には差がない。アントニー・ファン・レーウェンフックの顕微鏡の視野の中で元気に泳ぎまわっていた精子。神の眼はそれを青と赤の精子に見分けることができた。いま、私たちは、それをY染色体という言葉を使って色分けすることができる。第1染色体から第22染色体の22本の染色体と小さな23番目の染色体、すなわちY染色体をもつ精子が青い精子、第1染色体から第22染色体の22本の染色体と〝小さくない〟第23染色体をもつ精子が赤い精子である。

唐突ながら（私はこの文章で、「何々は何々と呼ばれる」といった類《たぐい》の、教科書的記述をできるだけ避けるようにつとめてきた。しかしYが登場したからにはしかたがないのである）、この〝小さくない〟第23染色体に、Yとの対応から、X染色体と名前をつけることをお許し願いたい。X染色体は、Y染色体の優に5倍くらいの大きさをもつ。男性のみなもとYは、遺伝子レベルで見ると、極めて頼りない、ちっぽけな存在なのである。

さて、Xに比べて圧倒的に小さい存在のY染色体。でもことさら卑下することはない。小さく見えるのは他の巻と比較するからにすぎない。あらためてY染色体自体を紐解《ひもと》いてみればたちまち目がくらむ。わずかな厚みにしか思えなくとも幾重にも幾重にもページが重なっている。そして各ページは、いずれも端から端までびっしりと恐ろしく小さな文字で埋め尽くされている。すこし離れるだけでそれは緻密に織られた布地のように見える。1ページあたりおよそ1000字、薄いとはいえ、書物全体は数万以上のページからなっているのである。

そしてこの書物を受け取ったものだけが雄々《おお》しい姿に変化することができるのである。雄々しいという言葉が素敵なものかどうかは別にして。その変化の動因は、書物全体に遍在的に書き込まれた内容が総合的に作用して初めて現れるのだろうか。それとも書物の限られた場所に書かれた、いわば鍵のようなものが、変化の契機を作り出すのだろうか。

どうやらそれは後者であることが徐々に明らかにされてきた。染色体という書物には読まれる順番というものがあらかじめ定められている。つまりそこには時間が流れている。それは私たちの読書、つまり1ページ目から順に読み進むのとはいささか異なった方法で解読される。

ある時、ある1ページが読まれる。すると読まれたことによって立ち上がる「効果」が、別のページを開く。それはたとえていえば、あるページが開かれたことによって香りたつ匂いの分子が、次に、他のページを開くことを誘導するようなものである。そして新たなページが読まれると、そこに生み出される作用がさらにまた別のページを開くことを促す。ページはそれぞれの巻に綴じられて一定の場所にあるけれど、開かれる順番は、あちらへ行ったりこちらに来たりする。同じ巻の違うページであったり、違う巻を往来することもある。ある効果が開くページが複数であることも多い。つまり水源を発したほんの一筋の水が次々と枝分かれして、多段階の、複雑な滝の流れ《カスケード》をもたらすように、遺伝子のカスケードは時間とともに染色体全体の空間を広がっていく。

それゆえに、もし物語の最初に位置する、ある重要なページが欠落していれば、それ以降のすべての水路が整っていたとしても水は決して流れ始めることがない。

Y染色体にはその最初の重要な1ページが載っている。そして男を男たらしめる実行部隊、いわばカスケードの下流にあたる下々の遺伝子は、いろいろな染色体に散らばって存在しているのだ。それゆえにYの1ページがなければ男は産み出されず、逆にYの全体がなくとも、Yの1ページさえあれば男は現れうるのだ。

編集上のミステイク

私は先に遺伝情報のシャフリングについて書いた。たとえば、父方から来た第1染色体と母方から来た第1染色体。この二つの相同の染色体の間で、部分的に交換が起こり、情報が混合されると。これに対して、X染色体とY染色体は、性決定のメカニズムにおいては一対になってふるまうが、この二つの染色体は大きさが極端に異なり、内包されている情報も互いに対応していない。だから、XとYの間には、他の相同な染色体間で活発に行われているような遺伝情報の機能的な交換は生じない。

しかしごく稀《まれ》に、編集上のミステイクが起こりうる。こんなふうに――。

46本の染色体は、二分されて二つの精子に送り込まれる。この際、互いに対応する第1から第22染色体が振り分けられた後、XとYも振り分けられる。そのとき、たまたまY染色体を綴じている糸がほつれて、その一部のページがX染色体の（あるいは、他の染色体の）間に紛れ込んでしまう。そんな染色体上の「落丁」あるいは「乱丁」とでも呼ぶべき事故が発生しうるのだ。

この結果、2通りの事態が出現する。

精子が形成されるとき、XとYが振り分けられる。このときY染色体の一部がちぎれて、X染色体が属する側の精子のどこかに紛れ込んでしまう。それはX染色体の内部かもしれないし、数字が付された通常の染色体のいずれかの間かもしれない。ちぎれて紛れ込んだY染色体の一部には遺伝情報が載っており、その情報はちぎれて紛れ込んだ場所に移る。それは本来の存在場所ではないけれど、そこから情報発信を行うことができる。

もし、その情報が、男を男たらしめるために必要な一番最初の重要情報であるとすれば？

この精子の染色体のタイプは上記の分類では、22＋Xである。そしてそのどこかにYのほんの一部を潜ませている。この精子は卵子（22＋X）と受精して、受精卵が誕生する。受精卵は、発生を開始する。ここから導かれる個体の遺伝子型は、44＋XX、つまり女性である。にもかかわらず、紛れ込んだY染色体の一部から、男性化の命令が発せられたとしたら。命令は多段階のカスケードを流れ始めることになる。やがて、その個体は、外形的には睾丸《こうがん》とペニスを有する男の姿をとることになる。これがXX male（女性型男性）、両性具有の一形式である。

これとは全く逆のパターンも考えられる。Y染色体の一部に落丁が発生する。その部分には、男を男たらしめる最初の重要な情報が書き込まれていた。そこが抜け落ちてしまうのだ。そのようなY染色体を振り分けられた精子の遺伝子型はなお22＋Yであり、卵子と結合すれば、遺伝子型としては44＋XYを、つまり男性型の染色体を与えることになる。しかし、Y染色体の上に男性化の指令が欠落している。

すると個体はどうなるか。これはおいおい論じるべき重要なことだが、この個体は、デフォルトの発生を行う。デフォルト＝本来のプログラム。本来のプログラムとは女性を指す。つまり生命の基本仕様は女性なのである。Ｙ染色体から男性化の最初の命令が発せられなければ、生命は仮にXYの遺伝子型を持っていても、デフォルトとして女性となる。これが、XY female（男性型女性）だ。これも両性具有の一形式といえる。

デイビッド・ペイジが追い求めていたのはまさにこれだった。XX male の中に紛れ込んでいるＹの断章を探し出して、そのページを明らかにすれば、男を男たらしめる秘密の「匂い」の正体を明らかにすることができる。XY female のＹの内部から落丁してしまったページを割り出せば、そしてそのページを原典にあたって照合すれば、やはり男を男たらしめている命令の実体を見つけることができる。

そして、１９８８年の夏、私が参加したコロラド州ロッキー山脈のカッパーマウンテンのリゾートで開催された研究集会において、意気揚々と講演を始めたジーンズ姿の彼は実際、その聖杯に当時、もっとも肉薄していたのである。

ジンク・フィンガーY

染色体は書物にたとえることができる。ぎっしりと情報を詰め込んだ書物。実際、そこには文字列が書き込まれている。ページを追って。しかし、それを直接、見ることはできない。ネッティー・マリア・スティーブンズは顕微鏡で染色体を数百倍に拡大して観察した。それは粒状の小さな塊に見えた。現在の技術でもそれは変わらない。その後、開発された電子顕微鏡を使えば倍率はさらにその10倍から数千倍まで上昇させることが可能だ。そして、染色体の粒は、巧みに折りたたまれた紐《ひも》状の高分子であることがわかる。今日、私たちがそこかしこでＤＮＡと呼んでいるものの本体がこの紐である。

しかし電子顕微鏡であっても、その紐の上に数珠だまのように並んでいるはずの文字列、すなわち遺伝暗号を読み取るまでには至らない。遺伝暗号はたった４種の、互いに少しだけ異なる化学物質が連結したものにすぎないが、その違いを顕微鏡で見分けることはできないのだ。遺伝暗号を解読するには、小さな試験管の底にある見えないＤＮＡの断片を、そこにそれがあると信じつつ、注意深い化学的な反応によって端から順に逐一調べていくという、気の遠くなるような操作をただただ繰り返すしかない。

Y染色体上には、文字の数にして約2500万字が並んでいる。1ページ1000文字として2万5000ページである。1966年に見出されたY染色体の断裂によって、問題のページは前半の8000ページのどこかにあることがわかった。デイビッド・ペイジは、1986年、XX male の症例から、そのページがさらに8000ページのうち中ほどの数百ページの内部にあることを突き止めた。しかし、この時点でも文字列はなお数十万字である。

幸運がペイジに味方した。あらたなXY female の症例が見出されたのだ。Y染色体を持ちながらも、肝心のページを含む部分が欠落している。このため女性化してしまった、XY female のサンプルが手に入ったのだ。

この症例で欠落していて、かつ上記のXX male に存在しているY染色体の領域を特定できれば、そこに捜し求めていた指令が書き込まれているはずだ。ペイジは息ができないほど興奮したことだろう。彼は寝る時間を惜しんで、遺伝子ウォーキングと呼ばれる化学反応を使って、数百ページの中のさらに限られた部分のページを順にめくっていった。

するとその遺伝暗号の森の中から、ジンク・フィンガーと研究者たちが呼ぶ特殊な文字列が浮かび上がってきたのだ。ジンク・フィンガー＝亜鉛の指先。そのページが開かれたとき香り立つ「匂いのない匂い分子」は、ミクロな目で見ると小さな手の形をしていたのだ。指と指の間には亜鉛のイオンがはまり込んでバランスをとっている。その指先は何かを摑《つか》もうと求め始める。

すでに研究者たちは、他の染色体から見つかったいろいろなタイプのジンク・フィンガーを十以上知っていた。その指が摑もうと求めているのはＤＮＡの二重ラセンである。

Ｙ染色体のとある場所に位置する遺伝暗号をもとに作られたジンク・フィンガーは、まさに匂いのない匂いのようにそのまま拡散して、他の染色体のあいだを巡る。そして自分の手のひらにすっぽりとはまり込むＤＮＡの部分を見つけると、そこをしっかりと握り締めるのだ。するとその握力は化学的な反応を引き起こし、そこに位置する別の遺伝暗号のスイッチをオンにする。

つまりジンク・フィンガーこそは、遺伝子カスケードの上流に位置する最初の命令にふさわしい姿かたちなのである。最初にジンク・フィンガーの遺伝子がある。そしてその下流に、この命令によって活性化される遺伝子がある。そのまた下流に男を男たらしめる遺伝子の数々がある。こうして滝は多段階に流れを広げてゆく。男を男たらしめる遺伝子たちは、デフォルトのプログラムを変更して、陰唇を閉じ、睾丸を作り、ペニスを引き出す。

デイビッド・ペイジはこの指令の書かれているページにZFYと命名した。この指令を発見した瞬間、彼は輝かしい勝利を確信したに違いない。とうとう男の秘密を明らかにした。ジンク・フィンガーY。Y染色体上に位置するすべてのマスター・キーとなる最重要ページ。

彼は自分の発見をよどみなく発表しおえた。

アメリカに到着して間もなかった私の英語力では、そのすべてをフォローすることはできなかった。しかし全員が圧倒されているのがわかった。とてつもない大発見がなされた瞬間に立ち会っていることがわかった。

＊　＊　＊

マラソン・ランナーは後方を一度も振り返らなかった。彼は自分がトップでゴールのテープを切ることを確信していた。その場にいた聴衆も全員そう思っていた。まさにデイビッド・ペイジは独走していたから。そのときには、彼自身にも、沿道を埋める観衆にも全く見えなかったのだ。彼のすぐ背後に、別の走者がひたひたと近づいていたことが。

第四章　誤認逮捕

不吉なニュース

科学の世界において二等賞以下の椅子はない。どんなに多数のライバルたちが競争に参加していたとしても、一番最初にゴールに到達したものだけが、発見者としてのクレジットと、それに伴う栄誉と褒賞、そして場合によっては莫大な富を得る。

同じ着想とアイデアを抱き、同じ方法で、同じ発見をなし得ても、二番手にはそのすべてがない。これは新しい分子や遺伝子の発見のように、結果のあらわれ方がそれ以外の形ではあらわれようがないものの場合、特に決定的となる。インシュリンの発見者バンティングは、ただ一人、インシュリンの発見者であり、カーボンナノチューブの発見者飯島澄男は、ただ一人、カーボンナノチューブの発見者である。中性子の発見者チャドウィックは、ただ一人、中性子の発見者であり、冥王星の発見者トンボーは、ただ一人、冥王星の発見者である。

なぜならそれは全く当たり前のことながら、インシュリンも、カーボンナノチューブも、中性子も、冥王星も、発見されるまでは隠されていたものの、ひとたび発見されれば、それをもう一度「発見」することはできないからである。一番と二番の差は、論文発表のタイミングにおいて、ほんの数週間しか違わないというケースさえありえる。特許の権利ではさらにシビアな争いとなる。一日でも先に出願した方が勝つのだ。

研究者の世界は狭い。どこのどの研究者が自分たちのライバルなのかお互いに熟知している。学会で挨拶を交わしても、警戒して本当に重要な進捗状況については語らない。ダークホースや新規参入者もいるだろう。専門誌の新しい号が届き、目次を見るときはいつも強迫的な不安感にさらされる。今月こそ、自分の研究が完全に出し抜かれ、これまでのすべての努力が水泡に帰すのではないかと。

＊　　＊　　＊

男を男たらしめる遺伝子の発見者は、ただ一人、男を男たらしめる遺伝子の発見者となる。

1988年夏、デイビッド・ペイジが、コロラド州カッパーマウンテンに集まった私たちの前で華麗な発表を行ってから、すなわちジンク・フィンガーY（ZFY）遺伝子の発見を宣言してまもなくのことだった。その時点まで、ペイジは、男を男たらしめる遺伝子を最初に発見したのは間違いなく自分だと確信していたはずである。もし、将来、この分野にノーベル賞が与えられれば、そのクレジットと栄誉は、まごうことなく自分に与えられるだろうと。

しかし、晴れ渡った朝の高い青空に光るロッキー山脈の稜線が、午後になって気がつくと視界の果てから掻き消えているように、ペイジを照らしていたスポットライトの輪が歪《ゆが》みだした。彼にとって不吉なニュースが学界に流れ始めたのである。

それは次のようなものだった。XX male、つまり遺伝子型は女性にもかかわらず男性の外見を持つ症例《ケース》が新たに見つかった。それは、ペイジとは別の研究者によるものであった。まさに、この自然の気まぐれとも言うべきXX male症例からペイジは自らの発見を成し遂げたのである。ペイジが正しいとすれば、今回発見されたXX male症例でも、そのゲノムの森には、Y染色体の1ページ、生物を男にするための最初の命令、すわなち、ジンク・フィンガーY遺伝子が紛れ込んでいるはずであり、そのために、彼女は、彼に変わってしまったことになる。本来であれば、XX male症例の発見は、その発見ごとに、ペイジの栄光をまた一歩確実なものとするはずだった。ペイジも当然そう期待しただろう。

ところが事実はそれほど明瞭ではなかった。いくら探してもこのXX male症例からは、ジンク・フィンガーY遺伝子は見つからなかったのだ。ペイジをことさら不安に駆り立てたのは、この解析を進めていたのが彼のライバル、ピーター・N・グッドフェローであったことだった。グッドフェローは、ペイジのいるボストンのMITから大西洋を隔てた、ロンドンの王立がん研究所に研究チームを構えていた。グッドフェローたちの知見は、後から追う者たちの焦りに由来する何らかの錯誤ではないのか、ペイジはそう祈ったに違いない。しかし、焦燥は、先行しているはずのペイジ自身にこそふさわしい言葉だったのだ。

ヒトゲノムの森

ペイジが苦労の果てに決定したジンク・フィンガーY（ZFY）の情報を記しているDNAは次のとおり。ただし、これはZFY遺伝子の冒頭のごく一部分であり、その全体は数千文字からなる。

atggatgaagatgaatttgaattgcagccacaagagccaaactcatttttt……

DNAは、形の異なる4種類の化学物質の連なりとして情報を保持している。文字列のa、

t、g、cがそれにあたる。４種の文字列の並び順の特異性が、遺伝子の特異性を決定し、そこから作り出されるタンパク質の特異性を決定する。だから、ＺＦＹの遺伝子配列は、大部の書籍のある1ページにある、特定のせりふのように、そこだけにしかない文字列として、ＺＦＹを規定している。

もし人間のゲノムＤＮＡの文字列情報がすべて電子化されてテキストファイルになっていれば、その中に、ＺＦＹ遺伝子の文字配列が存在しているかどうかは、ソーティング、つまり文字列検索を行えばすぐに判明する。検索ウインドウに、ＺＦＹ配列の何文字かを入力し、実行ボタンを押す。するとゲノム30億文字の中からたちどころに、その配列と一致する場所を探し当て、モニター画面上に、反転表示で見せてくれるだろう。あなたが今、入力した文字列と合致する配列は、Ｙ染色体の短腕、１Ａ２領域のこのページにあると。

そして実際、ゲノムＤＮＡの情報は今日すべてテキストファイルになっているのである。これがヒトゲノム計画の成果なのだ。

１９８８年、ペイジがＺＦＹに到達した当時、ヒトゲノム計画は、その実現はおろか実施ですらまだ誰もまともに考えてはいなかった。日本でも、それは青函トンネルを手で掘るようなものである、と言われて冷笑を浴びていた。

ヒトゲノムは、全23巻からなる大部の書籍であり、2セットが細胞中に格納されている。'80年代後半の時点では、全体の構成もページ数もおおよそのことしか判明していなかった。その中から、探すべき文字列に関して、あらかじめ何の情報も一切ないまま、未知の1ページを見つけ出すことは全く容易なことではない。ペイジは全く容易ならざる道を切り進み、自然が起こした稀な乱丁と落丁のケースを丹念に照合しながら、膨大なページを追って、とうとうZFYを発見したのである。

ひとたび文字列のレベルまで解読された1ページであれば、つまりこの場合のZFY遺伝子配列であれば、それが別の人間のゲノムの森の中に存在しているか否かは、たとえゲノム情報が電子化されていない時代であっても、比較的容易に確認することができた。その方法について概観してみたい。

DNAの相補的構造

それは、遺伝子の本体である記憶媒体がDNAでできていて、それが二重ラセン構造をしていること、この事実に依存している。

先に示したZFYのDNAの鎖には、それに寄り添うもう1本の鎖があり、それが二重ラセン構造を形成している。ここではラセンを解《ほど》いて、2本の鎖が平行に走っているものとして図示してみよう。

このとき、2本のDNA鎖は互いに「相補的」な関係にある。aに対しては必ずtが、gに対しては必ずcが、対合するように相手の鎖の、対応する位置におかれるように配列が決定される。2本のDNA鎖の相補的な関係が、DNA情報の保持を担保し、またDNA情報の複製を支えている。つまり生命の恒常性と連続性はこの相補性にあるといっても過言ではない。2本のDNA鎖が、互いに他の情報を相補的に写し取ったものとして存在しているがゆえに、万一、一方のDNA鎖が損なわれたとしても、他方の相補性によって損傷を修復できる。atggatという配列が失われて欠損したとしても、もう1本の鎖の対応する配列に、tacctaという文字列が保存されているゆえに、それをもとに欠損部位は回復されうる（注1、121ページ参照）。

こうして生命は、変異やがん化と闘ってきた。そしてまた、2本のDNA鎖は自らを解き、それぞれ分かれて、相補性に基づき新たなパートナーとなるDNA鎖を合成することができる。こうしてDNAは自らを倍加、つまり自己複製することを可能とした。DNAの情報は

DNA二本鎖の対応

atggatgaagatgaatttgaattgcagccacaagagccaaactcatttttt…

tacctacttctacttaaacttaacgtcggtgttctcggtttgagtaaaaaa…

図のように、2本のDNA鎖は互いに相補的な関係にあり、aに対しては必ずtが、gに対しては必ずcが対応するように配列が決定されている。点線は水素結合を示す。

二つに分裂した細胞にそれぞれ分配される。かくして生命は、38億年の長きにわたって連綿と繫《つな》がってきた。

実際には、DNA鎖の対合関係は、aとt、gとc、それぞれの化学物質固有の凹凸の形と形が、パズルのピースを合わせるように合致し、そのとき形成される水素結合という化学的な力によって保持されている。aとg、tとcの間では、凹凸の形が合致しないのである。

水素結合は、化学的な力の中ではそれほど強力なものではない。温度を上げたり、酸やアルカリに曝《さら》されると水素結合は切断される。つまりDNAの二重ラセンを人為的に1本ずつにほどくことが可能となる。これは後の説明で必要となる事実なのでご記憶願いたい。細胞の中では必要に応じて、水素結合を切断する酵素が働いてDNA二重ラセンを1本ずつに分ける。

もうひとつ、DNAに関して人為的に行うことができるものがある。それは、数十個ほどの連鎖ならば、原料すなわちa、

t、g、c、4種の化学物質からそれを互いに連結して、試験管内でDNA鎖を作り出すことができる、ということである。4種の化学物質はヌクレオチドと呼ばれるもので、それぞれ少しずつ形を異にした、DNAの構成単位であり、これも工業的に大量合成することができる。つまりDNA鎖はその配列が判明していて、かつそれが比較的短いものであれば、一から完全に人工的に作り出すことが可能なのである。

DNAの追跡《トレース》

さて、それではZFY遺伝子について、その相補的な配列をもつ人工DNAを合成してみよう。ZFY遺伝子の最初の6文字、atggat に相補的な人工DNAは、taccta であり、これは容易に合成できる（実際、今では、DNAを受託合成してくれるサービス会社が世界中に多数存在し、その低価格を競争している。研究者はウエブサイトから合成してほしいDNA配列を入力し、送信ボタンを押すと、数日以内に宅配便で合成DNA鎖が届く時代となっている。ちなみに価格は、ひとつのヌクレオチドを連結するのにおよそ200円ほどである）。

さらにもうひとつ工夫がある。DNAを人工合成する際、その端にある種の「標識」を取り付けることができる。標識とは、特殊な化学物質で、強い色を出したり、場合によっては放射線を発するようにもできる。そうすることによって後から、その人工合成ＤＮＡの行方を追跡《トレース》することが可能となる。これをトレーサーＤＮＡと呼ぼう。たとえばこのようなものである。

☆ -taccta

（端に付加された☆印が、発光物質または放射性物質で、標識として働く）

さて道具立ては揃った。勘のいい読者はどうすればよいか想像がつくはずである。

まず、調べたい対象生物（ヒトならば対象者）のゲノムを細胞から取り出す。そしてそれをおもむろに弱いアルカリ性の溶液に漬け込む。全23巻の百科事典は、アルカリ溶液に浸されてふやける。ふやけるけれどもこの程度の弱いアルカリ性では、本自体が溶けたり、ばらばらになることはない。ただふやけるだけだが、二重ラセン構造をとってＤＮＡ鎖を結んでいた水素結合は切断される。それぞれ１本の鎖となったＤＮＡは、なお近くに寄り添って、染色体内部のそのページにとどまっている、そのような状態になる。

アルカリ溶液を洗い流すと、一本鎖のＤＮＡはお互いパートナーを求めて、再び対合しようと動き出す。このとき溶液中に、標識を付したトレーサーＤＮＡを混ぜ込む。トレーサーＤＮＡは溶液中をくまなく拡散して広がり、ふやけた本のあらゆるページのあいだに入り込んでいく。そしてもし、自分の配列とぴったり合致する相補的なＤＮＡ配列があれば、そこで水素結合を形成して対合することになる。

ここで重要となるのは、人工合成したトレーサーＤＮＡの長さである。文字列が、taccta のごとく、もし、たったの6文字であれば、おそらくそれと合致する相補的な配列、atggat は、捜すべきＺＦＹ遺伝子の場所以外にも、百科事典のさまざまなページに存在しているに違いない。ひとつの書物の中に、「存在している」という6文字が何回も存在しているように。

しかし、トレーサーＤＮＡの長さを、たとえば、ＺＦＹ遺伝子の最初から20文字に対応するように合成すればどうだろうか。４種類の文字が20並んで作り出される文字列の順列組み合わせは、４の20乗であり、ある特定の20文字の出現確率は、４の20乗分の1である。ヒトゲノム全体の総文字数は約30億と想定されるので、ある特定の20文字と完全に合致する相補的配列が出現するのは、30億文字が全くランダムに作出されているとして計算すると、一回あるかないかとなる。つまり、ZFY遺伝子の最初から20文字に相補するように人工合成されたトレーサーDNAは、全23巻の百科事典のあいだに拡散したあと、その中のたった一箇所にだけ存在するZFY遺伝子のページの、相補的な場所に結合してそこにとどまるはずである。

あとは、トレーサーDNAが発する、かそけき光もしくは放射線を検出することによって、その場所を特定すればよいことになる。携帯電話が出す微弱な電波をたどって、その存在位置を探し出すのと同じように。

全23巻のゲノムDNAはいくつかの方法でそれを大きさの順に整列させたり、分類して薄い樹脂の上に固定化することができる。そこでDNA二重ラセンをほどき、トレーサーDNAをふりかける。余分なトレーサーDNAを洗い流したあと、ゲノムDNAを固定化した樹脂の上に、写真に使う銀塩フィルムを重ねて暗所に置く。そのフィルムを後から現像すれば、トレーサーDNAが発する光もしくは放射線は、微小な黒い点もしくはバンドとなって、ゲノムのとある場所を私たちに知らせてくれるのである。たとえばY染色体のこのあたり、という具合に。

意外な結果

このようにして、ＺＦＹ遺伝子の場所は、正常な男性のゲノム（44＋XY型）であれば、23対の染色体のうち、最後の小さな染色体、すなわちＹ染色体の短腕（染色体はふつう、ソーセージが途中でくびれたような形をしており、くびれを起点に短腕と長腕、というふうに区分される）の中の１Ａ２領域と呼ばれる位置に存在していることが判明した。正常な女性のゲノム（44＋XX型）には、ＺＦＹ遺伝子配列は存在しない。Ｙ染色体が存在しないからである。

XX male、つまり遺伝子型は女性型であるにもかかわらず外見は男性であるような性転換症例のゲノムであれば、そのどこかにトレーサーＤＮＡが対合するＺＦＹ遺伝子のページが存在する。それは本来、女性の遺伝子型には存在しないはずのものである。だが、自然のいたずらによって、つまり、精子が形成される際、本来、22＋Ｘ型と22＋Ｙ型に染色体が振り分けられる際、Ｙ染色体の内部から、ＺＦＹ遺伝子のページを含むごく一部の領域が落丁し、22＋Ｘ型の精子の染色体のどこかに紛れ込んだ結果として生じたものである。

ここまでは、確かにデイビッド・ペイジが明らかにした画期的な事実であった。

ところがグッドフェローたちはこの事実に例外を見出したのだ。彼らは、新たにXX maleの症例を見つけた。女性の遺伝子型を持つ男性。そこで、この患者のゲノムの中に、Y染色体に由来する男性化の命令、すなわちZFY遺伝子が潜んでいるかどうかを調べた。方法は今述べたとおりのトレーサーDNA法である。

おそらく当初、彼らは、ペイジの、すばらしくもうらやむべき発見をしぶしぶ確認するつもりだったはずだ。ところが意外なことに結果はそうならなかった。トレーサーDNAとゲノムの結合を示す黒いバンドは一切現れなかった。つまり、ZFY遺伝子と対合すべきトレーサーDNAは、この患者のゲノムのどこにも結合しなかったのである。彼らはまず、自分たちのやり方のどこかが間違っているのではないかと思っただろう。しかし注意深く再試行しても結果は同じだった。このXX maleは、ZFY遺伝子を持っていない。

では一体なにが、彼女をして、彼になさしめたのか。

ひょっとすると。一筋の光明がグッドフェローたちのチームに差し込んだ瞬間だった。ひょっとすると、間違っているのはペイジの方ではないか。ペイジはZFY遺伝子を男性化の決定因子とした。しかしそれは誤認逮捕であって、真犯人は別にひそんでいるのかもしれない。

直感の罠

ペイジが行ったことをもう一度、振り返っておこう。

彼はXX male症例を調べた。そして、そのゲノムの中に、Y染色体の中ほどに由来する何ページかの落丁がはまり込んでいることを見つけた。そのページをくっていくと、その中に、ジンク・フィンガー・タンパク質の遺伝子を発見した。ジンク・フィンガー・タンパク質。DNAに結合し、DNAのスイッチをオンにするタンパク質である。そこでペイジは思った。これこそが男性化の決定因子に違いないと。

違いない、というのはあくまでも直感にすぎない。そして生物学において、直感が、何か大きなブレイクスルーを導いたことは実はそれほど多くはない。むしろナイーブすぎる直感は、生物学者を隘路《あいろ》に連れ込むことの方が多かった。ペイジは、功をあせる前に、ZFY遺伝子が男性化のために必要かつ十分であることをもう一歩だけ詰めるべきだったのである。

Y染色体の一部が、XX maleのゲノムに紛れ込み、それがもとで女性が男性化した。ここまではよい。

まず第一に、ペイジが詰めるべきだったことは、紛れ込んだY染色体の落丁部分の中に、ＺＦＹ遺伝子以外には、疑うべき遺伝子候補が見当たらない、ということの確認であった。

これは事後的に言うのは簡単だが、その当時、誰がペイジの立場にあっても確かめるのは全く容易なことではなかった。落丁部分は文字数にして30万ちかく。１ページが１０００文字とすれば、調べるべきページは300もあったのだ。その中から見つかったのがＺＦＹ遺伝子だった。しかし、ペイジは300ページをくまなく調べた結果、ＺＦＹ遺伝子に到達したのではない。何ページかを繰るうちに、たまたまＺＦＹの配列に出会ったのだ。ＺＦＹ遺伝子は、いかにも男性化決定遺伝子に見えた。しかしながら、そのほかのページにそれ以上の候補が存在するかどうか、それは誰にもわからなかったことなのである。

第二に詰めるべきは、ＺＦＹ遺伝子が男性化に必要であるとしても、それが本当に十分条件であるか否かということである。この証明は理論的には次のように決定される。女性になるべき遺伝子型44＋XXのゲノムの中に、ＺＦＹ遺伝子だけを紛れ込ませたとき、その帰結として男性化が生ずるかどうか。これを確かめればよい。これもまた事後的に言うのは簡単だが、全くたやすい実験ではない。人間を実験台にして行うことは、もちろん技術的にも倫理的にも不可能であり、遺伝子組み換え動物を使うしかない。それには多大な時間と資金を必要とする。ペイジはもちろんその実験計画を進めていたはずなのだ。

＊　＊　＊

おりしも、ペイジのライバルチーム、グッドフェローたちは着々と駒を次のステップに進めていた。彼らのXX male症例には、ZFY遺伝子の混入はない。にもかかわらず男性化している。

では何が起こっているのか。実に、その症例には、Y染色体の別の部分からの落丁が紛込んでいたのだ。ペイジが探査を進めたXX male症例では、そこに含まれていた落丁部分はおよそ300ページあり、ZFY遺伝子は、そのうちの前半150ページほどの中に含まれていた。ところが、グッドフェローたちのXX male症例には、ちょうどZFY遺伝子が記載されているすぐ後から始まる、後半の150ページほどが、飛び移っていることが明らかになりつつあったのだ。つまり、ペイジの症例とグッドフェローの症例で、共通して移動している、後半150ページの内部にこそ本当の鍵が存在する。この中にこそ男を男とし、女をすら男に変える力をもつ真犯人が、すなわち真の男性化決定遺伝子がひそんでいたのである。

注1……本文では、必要以上に説明が煩雑になることを避けるため、対合するDNAの2本の鎖は、互いに逆方向を向いて走行している、という事実をあえて無視して書いている。つまり、atggatの相補鎖は、本当はtaccta となる。このことは今回の記載趣旨の範囲では特に差しさわりがないのだが、どうしても気にかかる方は、私の前作『生物と無生物のあいだ』（講談社現代新書）などを参考に独自に勉強していただきたい。

注２……DNA、遺伝子、タンパク質の関係を整理しておこう

DNAは a、t、g、c の４種の化学物質の連なりからなる二重ラセン鎖として存在する。ところどころにタンパク質のアミノ酸配列情報が暗号《コード》化されている場所がある。これを遺伝子と呼ぶ(図ではZFY遺伝子)。ZFY遺伝子の情報をもとに、ZFYタンパク質がつくり出される。ZFYタンパク質は、DNAの別の場所でDNA上の特別な部位に結合する(ZFYタンパク質の〝手〟がDNAをにぎりしめるようなイメージでよい)。
するとその下流に位置するM遺伝子のスイッチがオンになり、Mタンパク質がつくり出される。Mタンパク質が男性化をもたらす(とペイジは考えた)。次章では、ZFYがSRYに書き換えられることになる。

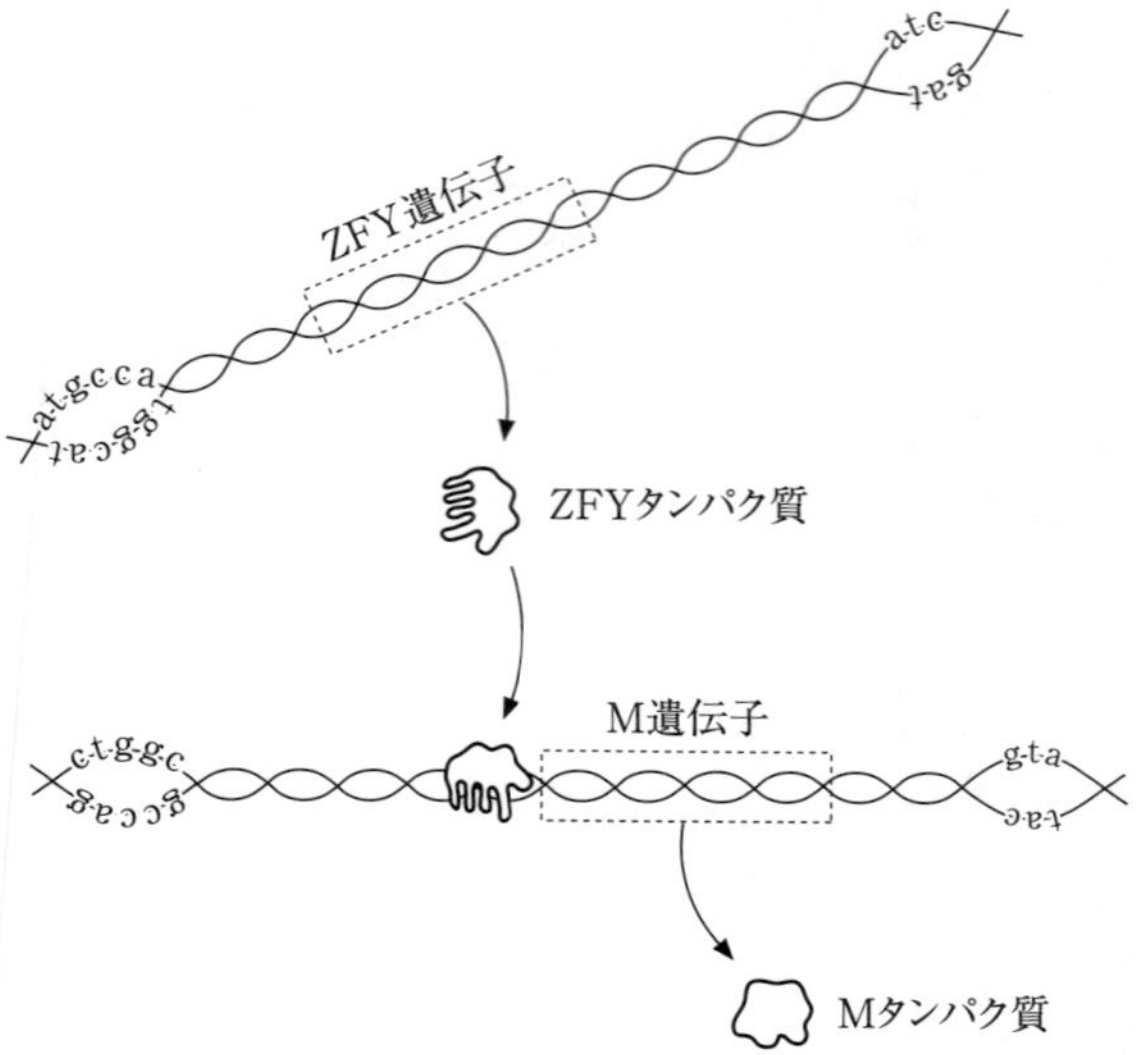

第五章　ＳＲＹ遺伝子

新事実

その論文は、1990年6月11日に、英国の科学専門雑誌「ネイチャー」の編集部に届いた。論文は直ちに、匿名の審査委員の査読に回覧され、同じ月の22日に受理（アクセプト）された。アクセプトとは、掲載を可とするというネイチャー編集部の判断である。

科学専門誌として最高の権威と伝統を誇るネイチャーには、世界中から夥《おびただ》しい数の論文が投稿される。そのうち掲載の価値があると認められてアクセプトされる論文はほんのわずかしかない。新規性、独創性、重要性、データの整合性、そしてなによりその発見のインパクトの大きさが求められる。大半の論文は掲載の価値なしとして即日却下される。この関門を通過した、掲載を考慮されうる内容の論文であっても、アクセプトに至るまでには、編集部から論文の著者に対して、疑義や質問、データ・作図の修正や補足実験など数多くの要求が突きつけられるのが通例であり、そのやりとりには何ヶ月もの長い時間がかかる。それに十分応えることができず、挙句に却下されることもありうる。

このような仕組みの中にあって、論文到着からアクセプトまでたった10日あまりしかかかっていないということは異例中の異例である。いかにこの論文が、新規性、独創性、重要性、データの整合性、そしてなによりその発見のインパクトに満ち満ちていたかということである。この論文は、７月19日号のネイチャー誌上に掲載され、世界がその事実を知った。

それでは読者とともにこの論文をひもといてみよう。ひもとく、とはいってもネイチャー誌の刷りページにしてわずか５ページの論文である。新発見の記述には、大部の紙幅は全く不要なのだ。

ヒト性決定領域に見出された遺伝子は、典型的なＤＮＡ結合配列に類似した特徴を有するタンパク質をコードしている

論文のタイトルは、コードしている（encodes =遺伝暗号化されている）という動詞を持つひとつのセンテンスとして書かれている。何々の研究とか、あれこれの解析、といった古臭い体言止めではなく、事実をさらりと一文で叙述している。そのさりげなさは著者たちの自信の表明でもある。タイトルの下には、筆頭著者のアンドリュー・Ｈ・シンクレアをはじめとした10名が並んでいる。最後に研究プロジェクトのリーダー、ピーター・Ｎ・グッドフ

エローの名がある。
科学論文ではその冒頭に発見の内容を要約した短いサマリー（梗概）が置かれる。

男性を決定するために必要な、ヒトY染色体上35キロベース領域を探索した結果、新しい遺伝子を発見した。この遺伝子は、ヒト以外の哺乳動物にも存在し、Y染色体に位置している。この遺伝子は精巣で働くタンパク質をコードしている。このタンパク質には、DNAと結合できる配列がある。我々は、この遺伝子にSRY〈Y染色体上の性（Sex）決定領域（Region）を意味する頭文字〉と命名し、長らく謎だった性決定遺伝子の候補としてここに提案する

Y染色体に、新しい遺伝子を見つけそれに命名した。シンプルでクリアな言明である。性決定遺伝子は、ZFYではなく、そのすぐ近くに潜んでいたSRYだというのだ。
こう言ってから論文はおもむろに背景説明を行う。文中には専門用語が表れるが、その意味さえわかれば、ロジック自体は極めて明瞭である。

哺乳動物のＹ染色体は、性の決定において必要不可欠の役割を果たしている。Ｙ染色体を受け取った受精卵はオスとしての道を歩み、Ｙ染色体を受け取らなかった受精卵はメスとしての道を行く。Ｙ染色体上に位置すると考えられる性決定遺伝子は、まず精巣の形成を誘導する。ついで、精巣が作り出すホルモン類が、男性化を進めていく。男性化そのものには多数の遺伝子が関与しているはずだが、いちばん上流に位置し、最初の引き金を引く遺伝子、つまり精巣形成を誘導する遺伝子の解明を行うことが、哺乳動物の性決定の機構を理解するために一番重要な問題となる

性決定遺伝子の探索は、Ｙ染色体の地図を作ることによって進められてきた。ここでは、とくに両性具有症例が大きな役割を果たした。すなわちXY型女性（染色体型は男性なのに、身体的特徴は女性である症例）とXX型男性（染色体型は女性なのに、身体的特徴は男性である症例）である。男性化の決定遺伝子は、XY型女性で落丁し、XX型男性に挿入されている遺伝子断片上に存在しているはずである

そしてペイジの発見が引用される（文の末尾に小さい肩つきの数字が付され、論文最後の

文献リストに、該当する論文の書誌情報が記載される)。

　このような落丁もしくは挿入されたY染色体の断片の広範囲にわたる探索によって、先ごろ、ある候補遺伝子が発見され、それはZFYと命名された。ZFY遺伝子はXX型男性に存在し、XY型女性には存在しない遺伝子として特定された。ZFY遺伝子から作り出されるタンパク質は、DNA結合配列(いわゆるジンク・フィンガー)を有し、遺伝子のスイッチとして機能しうる特徴を持つ。またヒト以外の哺乳動物のオスのY染色体上にもZFY遺伝子が見つかった。つまり、ZFY遺伝子は、性決定遺伝子の候補として必要な特性をすべて備えていた

しかし、とここで論文は転調する。

　しかし、そのあといくつかの予期せぬ事実が見出された。ZFYに極めてよく似た遺伝子ZFXが、その名のとおりX染色体上に発見された

男性化を決定する遺伝子は、Y染色体にのみ存在しなければならない。それなのに、X染色体上にも類似の遺伝子が見つかったのである。ペイジによるZFY遺伝子発見直後のことだった。

さらに事態はややこしくなる。有袋類《ゆうたいるい》（カンガルーやフクロネズミなど）の遺伝子を調べてみると、この動物の染色体上には確かにZFY遺伝子が存在していた。が、なんとZFY遺伝子は、Y染色体上でも、X染色体上でもない、通常の染色体（番号が付された常染色体）上に位置していた。常染色体はオスにもメスにも均等に存在する。これでは、性染色体配分が個体の性別を決定づける、というそもそもの大前提とも合致しない。ペイジの大発見が急速に色あせ始めたのである。

さらなる疑問

論文はさらにたたみかける。

最近発表された二つの論文は、男性化決定におけるZFY遺伝子の役割についてさら

なる疑問を投げかけた

ひとつの論文は、マウスにおいてZFY遺伝子の働きを調べたものだった。もし、ZFY遺伝子が本当に男性化の引き金を引いているとするなら、精巣を形成する細胞においてZFY遺伝子のスイッチがオンになっていなければ話は合わない。

ある遺伝子のスイッチがオンになっている、というのはその遺伝子がコードしている遺伝情報をもとにタンパク質が実際に作られている、という意味である。脳の細胞では、脳で使われるタンパク質の遺伝子がオンになり、膵臓の細胞では、膵臓が作り出すタンパク質の遺伝子がオンになっている。つまり特定の遺伝子が特定の細胞でのみオンになるゆえに、その細胞の働きが特徴づけられている。

前章で触れた方法を使うと、ある細胞である遺伝子のスイッチがオンになっていることを簡単かつ鋭敏に検出することができる。相補性を利用したプローブ（probe）である。

スイッチ・オンのプロセスにはステップがある。まず、遺伝子（DNA）にコードされている遺伝情報が、メッセンジャーRNAにコピーされる。コピーは、四つの塩基の関係、aとt、cとg、という相補性に基づいて行われる。つまり、DNAとRNAとはポジとネガの関係にある（ちなみに、ＤＮＡの二重ラセン同士もポジとネガの関係にある。したがって、１本のＤＮＡ鎖からコピーされたＲＮＡは、他方のＤＮＡ鎖と同等の塩基配列を持つ）。

メッセンジャーＲＮＡは、このあとＤＮＡが格納されている細胞核から外（といってもまだ細胞内）へ運び出され、そこで複雑な工程を経て、タンパク質に変換される。したがって、染色体上のある遺伝子（ＤＮＡ）のスイッチがオンになっているかどうかは、細胞内にそのＤＮＡ配列に対応したメッセンジャーＲＮＡが存在しているかどうかを調べればよいことになる。

ＺＦＹ遺伝子のスイッチがオンになっていると目される細胞、すなわち精巣のもとになる細胞を実験動物から採取し、穏和な条件ですりつぶす。これを試験管に流し込み、遠心器に入れてぐるぐる回して遠心力をかける。すると、ＤＮＡを含む細胞核やミトコンドリアなどの細胞内の粒子類は試験管の底に沈み、上澄み液と分けることができる。

メッセンジャーＲＮＡはこの上澄み液に含まれている。そこで上澄み液の部分だけを回収する。そしてナイロン膜のような担体《たんたい》の上に上澄み液をたらす。ナイロン膜を乾燥させると、上澄み液に含まれるメッセンジャーＲＮＡはナイロン膜上に張りついて固定化される。もちろんこの段階では、細胞の中に含まれる雑多なメッセンジャーＲＮＡのすべてが固定化されることになる。このなかに、ZFYのメッセンジャーRNAがわずかでも存在していれば、この細胞で遺伝子のスイッチがオンになっている証拠となる。

そこで、ZFY遺伝子の配列情報をもとに、人工DNAを合成する。この人工DNAは、ちょうどZFYのメッセンジャーRNAとぴたりと結合できる相補的配列を持つように作ることになる。人工DNAの末端には後からその存在を検出できるよう標識をつけておく。標識からは微弱な放射線が発せられる。これでプローブ、つまり探査針ができあがる。

さきほど作ったナイロン膜を水に浸し、そこへこのプローブを加える。ひとたびナイロン膜に張りついて固定化されたメッセンジャーRNAは、ナイロン膜から離脱することはないが、水中に放たれたプローブはナイロン膜の網目を行きつ戻りつしながら拡散する。そして、もし、プローブの配列と相補的な配列を持つメッセンジャーRNAが存在すれば、その場所で結合が成立し、プローブはナイロン膜の上に留まる。

十分な時間をかけて、プローブが拡散し、パートナーを探し出し、その上でしっかりと結合が達成できるよう、実験者は通常、ナイロン膜とプローブを混ぜるとその日の仕事を終えて家に帰る。

翌日、ピンセットでナイロン膜を水中から取り出し、きれいな溶液で何度も洗浄を繰り返す。浮遊している余分なプローブを洗い流すためである。パートナーを見つけて結合しているプローブは高温を加えない限り、洗い流されることはない。このようにして、ナイロン膜にプローブが結合しているかどうかを、標識を手がかりに検出すればよい。先に述べたように、標識に由来する放射線をＸ線フィルムの黒点として可視化してもよいし、ガイガー管のような検出器を用いてもよい。

さて、このような手続きを経て、ＺＦＹ遺伝子のスイッチがどの細胞でオンになっているかがマウスを使って調べられた。残念なことに、ＺＦＹ遺伝子は精巣の細胞、もしくはそのもとになる細胞ではオンになっていなかった。ＺＦＹ遺伝子がオンになっているのは本来、男性化とは関係のない細胞であった。これが前述した「最近発表された二つの論文」のうちひとつである。

もうひとつはW^e／W^e変異（ミュータント）マウスの実験だった。このマウスではＺＦＹ遺伝子のスイッチがどの細胞でもオンになっていない（これもプローブを用いて調べられた）ことがわかった。つまり、この変異マウスは、染色体がXY型であってもＺＦＹ遺伝子がいつもオフになっているので男性化しないはずである。にもかかわらずW^e／W^e変異（ミュータント）マウスは立派な精巣を持ってオスが生まれるのである。

そして、ZFY遺伝子の栄光に止めを刺す事実が明らかになった。

パルマーらは、XX型男性（XX male）の症例を新たに四つ調べた。いずれも落丁したY染色体の一部を受け継いだことによって男性化したものだったが、その落丁部分にZFY遺伝子は含まれていなかった

ここへ至れば何が起こっているのか明白だった。

確かに、Y染色体の一部が落丁して、XX型染色体のどこかにもぐりこむ。それがXX型男性の症例をもたらす。Y染色体にはZFY遺伝子が存在していて、落丁もそのあたりで発生している。現に、XX型男性が受け取った落丁部分の中に、ZFY遺伝子が含まれている症例があった。ペイジはまさにその症例をもとにZFY遺伝子を見出したのだ。しかし。

しかし、Y染色体から落丁し、男性化をもたらしたページの中に含まれていたのはZFY

遺伝子だけではなかったのだ。そこには、別の真犯人が隠れていたのだ。ZFY遺伝子のすぐそばに。パルマーが新たに調べたXX型男性の症例では、落丁部分がさらに限局されていた。そこにはZFY遺伝子は含まれず、しかし別の遺伝子が含まれるわずかなページだった。その遺伝子こそが男性化をもたらす真犯人だった。SRY遺伝子である。

パルマーのこの知見はもちろん極秘にされた。1990年6月22日までは。彼らが（パルマーは、SRY遺伝子発見の論文の共著者となっている）行うべきこと、それはこのわずかなページを血眼になって読みきることだけである。ライバルであるペイジも、ZFY遺伝子の正当性が揺らいでいることは十二分に自覚しているはずだから。

わずかな、とはいうものの彼らが追い詰めた落丁部分にはなお数万文字の塩基配列が並んでいた。しかしそれは何ら技術的な障害ではなかった。無限に見えた神秘は、今や有限の範囲内に確実に追い込まれているのだから。

彼らはそれを実行し、そして目的地点に到達した。

男性化を決定する性決定遺伝子に必要な条件。それは以下のように整理できる。

1　Y染色体上にのみ存在し、他の染色体上に類似の遺伝子は存在しない。

2　すべてのXX型男性の症例において、その遺伝子が乗り移ってきている。
3　すべてのXY型女性の症例において、その遺伝子が落丁している。
4　その遺伝子は、他の遺伝子のスイッチのオン・オフに関わる上位の遺伝子であり、その証拠としてＤＮＡに結合しうる特徴的な構造をコードしている。
5　男性への分化を果たす細胞（たとえば精巣）で、その遺伝子は活動（スイッチ・オン）している。
6　Ｙ染色体が男性を決定している他の生物でも、類似の遺伝子がＹ染色体上に存在する。

候補者ＺＦＹ遺伝子は、当初、この諸条件を満たしているように見えた。とくにＤＮＡに結合し、そのスイッチをオン・オフしうるジンク・フィンガー構造を有するという条件４を満たしていることが信憑《しんぴょう》性を高めた。が、まもなくそれ以外の条件において反証例が見出された。

グッドフェローたちが見出した新しい候補者ＳＲＹ遺伝子は、これらの条件をすべて満たしていた。ＳＲＹ遺伝子は、Ｙ染色体上のＺＦＹ遺伝子の場所から、わずかに離れた位置に存在し、他の染色体上に類似の遺伝子はない。XX型男性症例に存在し、XY型女性症例で欠損もしくは変異により機能が損なわれていた。それゆえに女性を男性化し、男性を女性化しうるのだ。

ＳＲＹ遺伝子から作り出されるタンパク質は意外な構造をしていた。それはタンパク質としては小ぶりなサイズで、そこにはジンク・フィンガーのような典型的なＤＮＡ結合モチーフはなかった。かわりに、ＳＲＹ遺伝子は、酵母菌の調節タンパク質および染色体の構造維持に関わるタンパク質と類似のタンパク質をコードしていた。新しいカテゴリーに属する遺伝子スイッチタンパク質と推定された。

全く新規ではなく、類似しつつ新しい。これはこれで条件4を満たしうるのである。ＳＲＹ遺伝子の配列をもとに、合成プローブが作製された。それを用いて条件5が検討された。精巣の細胞が陽性、卵巣の細胞が陰性だった。男性の細胞でも肺や腎臓のような性分化と無関係の臓器ではＳＲＹ遺伝子の活性化は認められなかった。

6について、この論文は興味深いデータを提示している。彼らは、ヒトの他、チンパンジー、ウサギ、ブタ、ウマ、ウシ、トラといった動物のオスおよびメスの細胞からゲノムＤＮＡを取り出し、それをずらりと並べて、その中にＳＲＹ遺伝子が存在するかどうか、プローブを使って検査してみた。結果は明らかだった。どの動物でもオスでのみＳＲＹ遺伝子の存在を示す陽性シグナルが現れ、メスの細胞からは見出されなかった。彼らは種々の動物のつがいを並べて見せたこのデータを、「ノアの箱舟」実験と称している。

これは完璧な論文である。研究者なら誰もが脱帽するだろう。ネイチャーの編集部が最短の審査日数でアクセプトするのも当然だった。

ただひとつ、この論文には示されえなかった証明が残されていた。それはＳＲＹ遺伝子が真の性決定遺伝子として立証されるための7番目の条件として、そして必要にして十分な条件として挙げられるべき論証である。

それはＳＲＹ遺伝子さえあれば、XX型染色体を持つ受精卵を男性化できる、という証明である。つまり、女性を男性化するためにはＳＲＹ遺伝子だけがあれば必要十分であるという究極的な証明実験。

次の一手

自然が行ったY染色体の落丁とその転移の例では、常に一定のボリュームをもつ遺伝子断片が移動している。ペイジたちが検討したXX型男性症例では、1ページ1000文字として百数十ページ分、その中にZFY遺伝子だけでなくSRY遺伝子も含まれていた。グッドフェローたちの実験でもなお数十ページ、そこにあったのは、ZFY遺伝子ではなく、SRY遺伝子だったが、その部分にはSRY遺伝子だけが含まれていたわけではない。確かに候補としてSRY遺伝子以外には見出すことができなかったが、一緒に移動している落丁の、他のページに全く何も意味がないかどうかは誰にもわからないのである。

この問題をクリアするには、もはや自然が行った偶発的な実験に依存するのではなく、人為的な介入実験を直接行うしかない。SRY遺伝子のページだけを取り出し、これをXX型受精卵に導入して、そこから発生する個体がXX型男性になることを実験によって示すしかない。

おそらくグッドフェローたちは、SRY論文がネイチャー誌上に掲載され世界が瞠目《どうもく》しているときには、すでに次の一手に向けて着々と準備を進めていたに違いない。

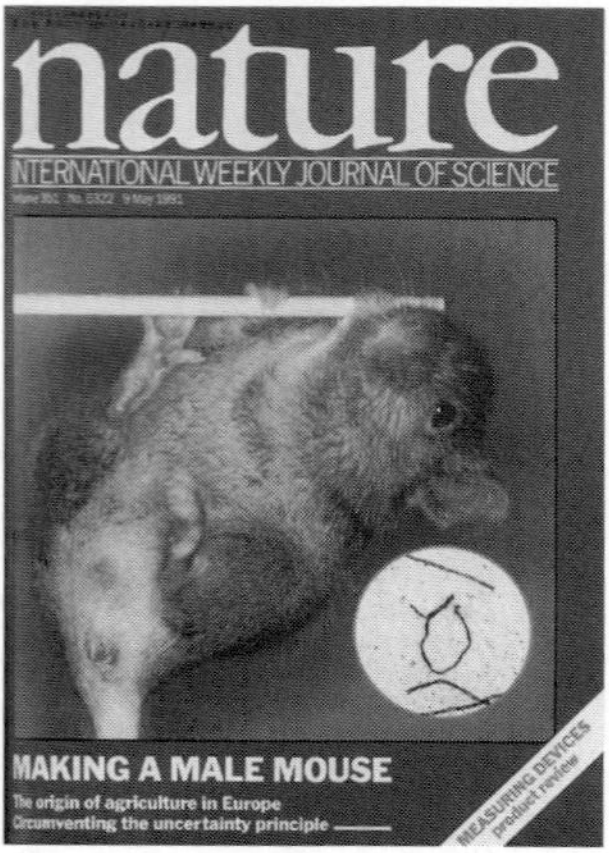

ネイチャーの表紙
（1991年5月9日号）

彼らの次の論文が刊行されたのは、１９９１年５月９日。先の論文からわずか10ヶ月後のことだった。この論文もまた異例の扱いを受けていた。論文の受け取り日３月28日からアクセプト日４月10日までわずか13日。

この論文が掲載されたネイチャーの表紙には、横に渡した細い棒にしがみついているマウスの写真が大きく飾られていた。マウスは世界中の読者に対し、股間についたペニスを誇らしげに見せつけていた。彼は遺伝的には女性なのにもかかわらず。

XX型、つまり女性型の染色体構成をもつ受精卵に、Ｓｒｙ遺伝子（マウスの場合、ヒトＳＲＹ遺伝子と区別するため、遺伝子名はＳｒｙと表記される）が導入された。遺伝子組み換え動物《トランスジェニック》である。顕微鏡の下で、微細な操作が行われた。

交配したマウスから採取した受精卵を細いガラスピペットの先に保持する（ピペットとはスポイト形状に先端部を細くしたガラス管である）。ガラスピペット内には弱い陰圧《いんあつ》がかけられており、そこに受精卵は吸いつけられ固定される。ピペットの先端は受精卵の膜を傷つけないよう丸くしてある。一方、受精卵の反対側からもうひとつのガラスピペットを接近させる。こちらのピペットの先端は、極めて長く細くとがらせてある。このピペットの中は溶液が満たされており、ここにＳｒｙ遺伝子が溶かし込んである。

ピペットの動きはマイクロマニピュレーターと呼ばれる装置によってコントロールされる。オペレーター（実験者）が顕微鏡をのぞきながら手元のツマミを前後左右に動かすと、その操作をマイクロメートルレベルの動きに変換する。これによって慎重にガラスピペットの先端部を受精卵に近づけていく。

針先のようなその先端部が受精卵を取り囲む膜に触れる。膜には弾力性がある。ちょうどゴム風船が爪楊枝《つまようじ》で突かれたときのように、膜は針先に押し込まれてへこむ。針先はゆっくりと進行を続ける。と、次の瞬間、膜の一点が破れ、細いガラスピペットの先端がつっと受精卵内部に入り込む。膜には弾力性とともに復元性がある。ゴム風船と異なり爪楊枝が貫入しても破裂することなく、爪楊枝が破った穴を爪楊枝ごと瞬時に埋めて閉じることができる。

ガラスピペットの先端はさらに内部に進入し、細胞内の核を捉える。先端は核内にいたり、そこへＳｒｙ遺伝子が含まれた溶液が注入される。操作を完了するとガラスピペットは慎重に退却する。ピペットが引き抜かれたあとの穴は膜の復元力によって速やかに閉じられる。

核内にはマウスのゲノムＤＮＡが折りたたまれて格納されている。注入されたＳｒｙ遺伝子はその間を拡散し、運がよければゲノムＤＮＡの隙間に取り込まれその一部となる。

膜に復元力があるとはいえ、外部からの干渉によって何らかのダメージを受け、正常に発生を続けられない受精卵がたくさんある。うまく注入操作が行われたとしても、運悪くＳｒｙ遺伝子がゲノムＤＮＡ内部に定着しないことも多い。注入した遺伝子が、ゲノムのどのあたりに入り込むかも全くの風まかせであり、入り込んだ場所でうまく働くかも予測できない。それゆえに、この遺伝子注入操作は何十個、場合によっては何百個もの受精卵に対して根気よく行われることになる。

その結果、いくつかの受精卵において注入操作が成功した。つまりXX型受精卵のゲノムＤＮＡにうまくＳｒｙ遺伝子が入り込み、そのスイッチがオンになったことが確かめられたケースが得られた。これらの受精卵は、本来女性となるべく発生を開始した。

しかし、受精卵が細胞分裂を繰り返して増殖を進めるごく初期の段階において、Ｓｒｙ遺伝子の命令によって、その下流に位置するいくつかの遺伝子が作動し始めた。命令とは、Ｓｒｙ遺伝子が作り出すＤＮＡ結合タンパク質製造の指令である。

このタンパク質は、ゲノムＤＮＡのある特別な部位に結合する。するとその部位にある別の遺伝子のスイッチがオンになり、そこから新しいタンパク質が作り出される。そのタンパク質はさらに下流の遺伝子のスイッチをオンにする。次々とこのカスケードが進行する。

このようにしてＳｒｙ遺伝子を出発点とした情報の流れは、わずかな源に端を発した水流のように他段階の流れを作り出し、やがて大きな滝のようにして発生全体の方向を変換する。それが睾丸およびペニスを、つまり男性を作り出した。このようにして生まれ出た女性型染色体を持つオス、XX maleが、ネイチャー誌の表紙を飾ったのである。

ＳＲＹ遺伝子は紛れもなく性決定遺伝子だった。

グッドフェローはペイジをかわして聖杯を手に入れた。アムンゼン隊がスコット隊をかわして南極点に到達したように。しかし、確かに言えることはこうだ。スコットがいなければ、アムンゼンがそれほどまで切実に極点を希求することがなかったように、ペイジによる先駆的なZFY遺伝子への接近がなければ、グッドフェローによるSRY遺伝子の発見もありえなかったのだ。少なくともこのような形では。

＊　＊　＊

科学の世界において二等賞以下の椅子はない。前章でそう私は書いた。しかし実は次のように言うこともできる。すべての競争の世界がそうであるように、科学の世界においても、勝者が完全に勝つことはできない。そして敗者が完全に負けることもない、と。

ペイジはその後も、そして今でもチャールズ川沿いのMITにある研究室でY染色体についての研究を進めている。

第六章　ミュラー博士とウォルフ博士

人間は考える管、

男と女、どちらが高等か？　かつて読んだ文章にこんな問いがあった。

生物の高等・下等は何で決まるか。女性側から次のような発言が出た。それは分化の程度である。分化、すなわち目的に応じてより専門化が進んでいること。その視点から見ると答えは明らかである。女性は、尿の排泄のための管と生殖のための管が明確に分かれている。しかるに男性は、尿の排泄のための管と生殖のための管がいっしょくたである。つまり女性の方がより分化の程度が進んでいる、と。

これは半ば冗談として語られた話だっただろう。しかしあらためて考えてみると、排泄物である尿と子孫の維持に不可欠な精子が同じ管を通って出てくるというのは奇妙なことである。おしっこの道具であったはずのものにそんな機能があるなんて。精通が始まった少年たちはおそらく皆その快感の感触とともに、ある種の気恥ずかしい、どこか不道徳な思いを一瞬とはいえ抱いたはずだ。

なぜそのようになっているか。むろんそれはわからない。しかし、いかにしてそのようになっているかは言葉にすることができる。生物学は、WHYには答えられない。がしかし、HOWを語ることはできるのだ。

＊　＊　＊

それではまず私たちの身体の成り立ちにおけるHOWを考えてみたい。

おなかが痛い、というときの「おなか」とは、文字通り、自分の身体の中、つまり内部だと私たちは当然のことのように思っている。が、実はそうではない。赤ちゃんがおなかにいる、というときの「おなか」も同じである。身重《みおも》のお母さんがほら、ここにと手を置いたその場所は、お母さんの身体の内側であるように思える。ところが生物学的にいうと、消化管の内部も、子宮の内部も、実は、身体にとっては外部なのである。

このような見方をトポロジー的という。トポロジーとは難しく言うと位相幾何学のことだが、簡単にいうと立体感覚である。細かなデザインや意匠にとらわれることなく形の類似と差異、外部と内部、裏と表が見分けられること。いうなればドーナツとコーヒーカップが同じ形に見えるのがトポロジー感覚である。両方とも身の部分に穴がひとつ。粘土細工ならドーナツからコーヒーカップに、そのトポロジーを壊すことなく作りかえることができる。
優れた建築家はトポロジー感覚に優れている。優れた生物学者もまた優れたトポロジー感覚の持ち主である。

トポロジー的にいってみれば、消化管は、ちょうどチクワの穴のようなものだ。口、食道、胃、小腸、大腸、肛門と連なるのは、身体の中心を突き抜ける中空の穴である。空間的には外部とつながっている。私たちが食べたものは、口から入り胃や腸に達するが、この時点ではまだ本当の意味では、食物は身体の「内部」に入ったわけではない。外部である消化管内で消化され、低分子化された栄養素が消化管壁を透過して体内の血液中に入ったとき、初めて食べ物は身体の「内部」、すなわちチクワの身の部分に入ったことになる。

その成り立ちを考えてみると、子宮も全く同様に、それが身体の外部であるとわかる。子宮は皮膚の一部が内側に陥入してできた袋、と捉えることができる。その袋に、種《たね》が迷い込み、袋の奥深くに安置されていたもう一つの種と融合したとき受精卵ができる。受精卵が発生し、胚となり、赤ちゃんとなる間、子宮内は外的環境から守られてはいるものの、そこは厳密な意味での身体内部ではなく、いわばポケットのような窪《くぼ》みなのである。

なかなかそうは思えないけれど、実は、人間の身体に空いている穴はすべて一種の袋小路であり、本当の内部ではない。耳の穴もそうだし、汗腺や涙腺のように体液が出てくる穴も、その穴に周囲の壁から液がにじみ出てくるだけで、その穴の底は閉じている。尿道もそうである。上皮の細胞が陥入して細い袋状の管を作りながら奥へ伸びる。途中に膀胱という貯水槽を作るが、そのさらに奥へと伸びる管はトポロジー的には袋小路である。袋小路の壁は腎臓の中で、血管の壁と隣接する。接した壁と壁を越えて血液の余剰水分が老廃物とともに尿道へ染み出してくる。これが尿となる。

したがって、トポロジー的に考えたとき、人間の身体は単純化すると本当にチクワのような中空の管に過ぎない。消化管以外の穴はすべてチクワの表面に爪楊枝を刺して作った窪みでしかないことになる。

だが、これは全く驚くにあたらない事実なのである。私たちの遠い祖先は、現在のミミズやナメクジのような存在だった。彼らの姿を見れば、私たちの本質がわかる。彼らは、まさに1本の管である。口と肛門があり、その間を中空の穴が貫いている。わずかに眼の原型のようなものがあり、進む向きがあり、土を食べる側があるので、かろうじてどちらが口でどちらが肛門かが判別できる。脳と呼ぶべき中枢の場所は全く定かではない。むしろ、神経細胞は、消化管に沿ってそれを取り巻くようにハシゴ状に分布している。彼らは人間の消化管に勝るとも劣ることなく、緻密な蠕動《ぜんどう》運動を行って食べ物を消化・吸収し、様々な反応を行い、環境に適応して生存を貫いている。

意外なことに、脳がないとはいえ、ミミズは、あるときは葉っぱのどちら側を咥《くわ》えれば巣穴に運び込むのに都合がいいのか、迷いつつ〝考え〟さえしているのである。これらの生命活動は、消化管に沿って分布する神経ネットワークによってコントロールされている。

もし、彼らに、君の心はどこにあるの？ と訊《たず》ねることができ、その答えを何らかの方法で私たちが感知することができたとすれば、彼らはきっと自分の消化管を指すことだろう。

優れた「脳」、つまり中枢神経系を持った私たちにも、消化管に沿って緻密な末梢神経系が存在している。そして脳で情報伝達に関わっている神経ペプチドと呼ばれるホルモンは、ほとんど同じものが消化管の神経細胞でも使われていることが判明している。

これらの神経ペプチドが一体なぜこれほど多種類、大量に消化管近傍に存在するのか、そしてそれらが日々、一体何をつかさどっているのかは未《いま》だによくわかっていない。第六感のことを英語では、ガット（gut）・フィーリングという。あるいは意志の力をガッツ（guts）と呼んだりする。ガッツがある、というときのガッツである。ガットとはそのまま腸のことだ。

私たちは、もっぱら自分の思惟《しい》は脳にあり、脳が全てをコントロールし、脳はあらゆるリアルな感覚とバーチャルな幻想を作り出しているように思っているけれど、それは実証されたものではない。消化管神経回路網をリトル・ブレインと呼ぶ研究者もいる。しかもそれは脳に比べても全然リトルではないほど大掛かりなシステムなのだ。私たちはひょっとすると消化管で感じ、思考しているのかもしれないのである。人間は考える葦《あし》ではなく、考える管なのだ。

さて、この管のでき方のＨＯＷを探っていくと男の子と女の子の上下関係がおぼろげながら見えてくる。そしておしっこと精液が同じ管から出てくることの謎についても。

生命の基本仕様

たった今、子宮の奥の暗がりの中で受精が成立した。その瞬間を想像してみよう。受精卵のプログラムはこの時点からスタートし、一瞬の立ち止まりもない不可逆的な進行を開始する。この段階では何億匹もの精子たちの競争を勝ち抜いて、最後に卵子に飛び込んだ精子が赤いものだったのか、青いものだったのかはわからない。つまり受精卵の染色体型がXXなのか、XYなのかはこの時点では判別できない。

XXかXYかにかかわらず、受精卵のプログラムはしばらくの間、生命の基本仕様にしたがって展開する。受精卵は分裂して二つに、次に分裂して四つに、さらに八つにと倍々に増える。瞬く間に細胞は膨大な数となり、球状の細胞塊となる。塊はちょうどボールのような中空のがらんどう構造をとる。ボールの皮にあたる部分は細胞で埋められている。やがてボールの皮の一部が内側にめり込むように侵入していく。発生学者たちはこの侵入路に原腸と名前をつけた。その名のとおりこれが身体の中心を貫く腸の原器になるのだ。

U字形にめり込んだ皮はやがてボールの向こう側の皮にまで達する。皮と皮が融合し、そこに口が開く。その瞬間、侵入路は開通し、最初に侵入が始まった部位が肛門となる。ミクロなチクワの誕生である。このあとチクワには皺《しわ》が寄ったり、くびれができたり、突起が伸びたりして、前後と左右が区別される。すこしずつ具体的な表現があらわれ、徐々に生き物らしい形をとるようになる。

受精後、6週間ほどが経過するとその生き物は1センチほどの大きさになる。不釣り合いに大きな頭に、目や耳と思《おぼ》しき小さなくぼみや突起ができる。丸まった背中の曲線は短い尾まで続く。小さなトカゲのように見えるこの生き物は次の1週間の間に急速にヒトらしくなる。頭が丸くなりそれを支える首ができる。手足が伸びる。体長は2センチちかくになる。尾が消えておなか、お尻、太ももがはっきりする。

仮にもしこの時点で、不謹慎ながら、太ももの間をのぞき見ることができたとしたら。染色体型がXXであろうとXYであろうと、そこには同じものが見える。割れ目。これを見た人はおそらくおしなべて皆こう思うだろう。ああ、この子は女の子だと。

そう、そのとおり。すべての胎児は染色体の型に関係なく、受精後約7週目までは同じ道を行く。生命の基本仕様。それは女である。このあと基本仕様のプログラム進行に何ら干渉が働くことがなければ、割れ目は立派な女性の生殖器となる。

基本仕様によれば、まず割れ目から細い陥入路が奥へと伸びる。これはミュラー博士が注意深い顕微鏡観察によって見出した、胎児における原始的な管組織である。以来、袋小路のこの管は、ミュラー管と呼ばれるようになる（161ページ図参照）。

ミュラー管は、このあと細胞分化によって入り口の部分は膣《ちつ》に変化し、奥に行くにしたがって広がりつつ、子宮、そして卵管を作り上げる。卵管の一番奥には原始生殖細胞が鎮座し、それが卵子をつくりだす場所、卵巣となる。割れ目の中央にできた膣口の上に、腎臓へ伸びる尿道が開口する。さらに上方の舳先《へさき》には尖った陰核が作り出され、割れ目は船形の、より割れ目らしい形となる。これが生命の発生プログラムにおけるデフォルト＝基本仕様なのだ。

では、もしこの子が男の子になろうと思うなら、まずしなければならない変更点は何？

それはなにはともあれ、割れ目を閉じ合わせることである。男なら皆、自分の身体の微妙な場所で、それが実際に起こったことだということを知っている。睾丸《こうがん》を包む陰嚢《いんのう》を持ち上げてみると、肛門から上に向かって一筋の縫い跡がある。それは陰嚢の袋の真ん中を通過してペニスの付け根に帆を張り、ペニスの裏側までまっすぐに続いている。

俗にこれは、〝蟻の門渡《とわた》り〟と呼ばれる細いすじである。男の子は早いうちからこのすじの存在に気づいている。知ってはいるけれど、なぜこんな線がこんなところについているのか、そのことについて、思いをめぐらせた少年はどれくらいいるだろうか。

蟻が一列に並んで渡らなければならないほど狭い通路、そう名づけられたこのすじこそが、生命の基本仕様に介入してカスタマイズがかけられたことを示す、まごうことなき痕跡なのである。では誰が一体、カスタマイズを行ったのか。ＳＲＹである。

岐路

受精卵がその発生プログラムを開始するとすべてのことは粛々《しゅくしゅく》と進行する。あるタイミングで特別なスイッチがオンになり、次の瞬間にはオフになる。そのかわり前の段階のスイッチオンに反応して、次のスイッチがオンになる。このカスケードは連鎖しながら各細胞に微小な変化をもたらす。スイッチがオンになる、とは特定の遺伝子が活性化されて細胞内に新しいタンパク質が出現する、ということである。スイッチがオフになる、とはそのタンパク質が分解されて細胞内から消えるということである。

プログラム開始後、約7週目。あるスイッチがオンになる。つまりある特別なタンパク質が作られる。かりにこのタンパク質をWT－1と名づけよう。WT－1タンパク質は細胞核の内部に入り込み、その中を拡散しながら自分が着地すべき場所を探す。

ここまで受精卵は、XX型であろうとXY型であろうと同じ変遷、つまり基本仕様どおりのプログラムをたどってくる。が、ここで初めて岐路が出現することになる。

もし、染色体型がXXならば、つまり各細胞の核の内部にY染色体が存在しなければ、その岐路は、降りる予定のない高速道路の出口のように、素通りされる。ＷＴ－１タンパク質は着地しないまま細胞内をたゆたい、やがて消えてゆく。

しかし、染色体型がＸＹならば、つまり細胞の核の内部にＹ染色体が存在するならば、特別なことが起こる。ＷＴ－１タンパク質は着地すべき場所を見出す。Ｙ染色体の上に。それはＳＲＹ遺伝子のある場所だ。ＷＴ－１がこの場所に結合するとＳＲＹ遺伝子のスイッチがオンになる。ＳＲＹ遺伝子がそこに存在していなければ、つまりＹ染色体がその細胞になければこのプロセスは起こらない。つまりＸＹ型の受精卵だけにこのことは起こる。

発生のプログラムはウインカーを点滅させ、この岐路で高速道路本線を降りることになるのである。岐路の先が険しい隘路《あいろ》であることを知らないまま。もちろん選択の余地はない。それがＹ染色体というくじを引いた受精卵の宿命であるから。

ＳＲＹ遺伝子が活性化されると、ＳＲＹ遺伝子のメッセンジャーＲＮＡがたくさん転写され、ついでそのメッセンジャーＲＮＡが翻訳されてＳＲＹタンパク質が作られる。ＳＲＹタンパク質はＤＮＡ結合能を持つ特殊なタンパク質である。ＳＲＹタンパク質は細胞核の内部に入り込み、拡散しながら結合すべき場所を探す。結合すべき場所とはゲノムＤＮＡ上の特別な配列である。ＳＲＹタンパク質がこの配列に結合すると配列の直後に位置する遺伝子からメッセンジャーRNAの転写が開始され、さらに翻訳されてタンパク質が作られる。つまりこの遺伝子のスイッチがオンになる。

SRYタンパク質によってスイッチがオンになる遺伝子は複数あると考えられている。SRYが代表取締役社長なら、その指令を直接受ける専務や常務にあたる。これらの遺伝子群は、その指令を部長や課長に降ろしていく。この遺伝子カスケードには、人間の会社組織と全く同様の特徴がある。ただ一人の社長から情報が階層的に降りてくるにしたがって、その情報を受け取る人数が増える、つまり情報が増幅されるということ、そして中間の管理職は単に上意を下達《かたつ》することが仕事であり、実際の仕事をしているのは末端の平社員たち実行部隊であるということである。

SRY遺伝子の発見からすでに十数年以上、研究者たちが必死の探索を行っているにもかかわらず、SRYの指令を直接受け取る遺伝子、つまり専務や常務が一体誰なのか、それはいまだに特定されていない。一方、課長クラスから実行部隊の平社員あたりがどんな仕事をしているのかは次々と明らかになってきた。SRYの命令は、実は冷酷無比な刺客仕事なのである。

刺客の仕事

刺客の名をミュラー管抑制因子という。これもタンパク質の一種である。SRYの命令は、生殖器を形成している組織の中のある細胞に、このタンパク質を作り出させる。ミュラー管抑制因子は細胞の外へ放出されて、付近の組織へと達する。そこにはミュラー管がある。先に記したように、ミュラー管は何事もなければ、つまり生命の基本仕様にしたがってプログラムが進行すれば、後に卵管、子宮、膣という女性生殖器を形成するもととなる組織である。刺客はこのミュラー管を文字通り殺してしまうのである。刺客はミュラー管にのみ作用する。ミュラー管抑制因子を受け取ったミュラー管の細胞群は徐々に小さくなりやがて消失する。こうして卵管、子宮、膣になるべき細胞群を失った「女」として、「男」というものが出発することになる。

しかしながら壊しただけでは何もできない。そこで作りかえが進行することになる。SRYの指令を受けた別の実行部隊は、膣が開口する必要がなくなった割れ目を閉じ合わせる作業を行うことになる。肛門に近い側から細胞と細胞の接着によってたどたどしく縫い合わせが始められる。蟻の門渡りはこのような営みの痕跡としてそこに存在するのである。

ミュラー管抑制因子を放出させてミュラー管の分化・成長を止めたSRY。SRYの指令は他方で別の実行部隊を動かすことになる。男性ホルモンの生産と放出である。ミュラー管抑制因子を作り出した細胞の近くに別の一群の細胞がある（煩雑になるのでその名前を挙げることはしなかったが、細胞にはいちいちその発見者にちなんだ名前がつけられている。医学部に入ると初年度の解剖学の時間にそれらを丸暗記させられる。ミュラー管抑制因子を放出するのがセルトリ細胞、男性ホルモンを放出するのがライディッヒ細胞である）。

この細胞はSRYの指令を受けてテストステロンという男性ホルモンを作り出す。これが付近の組織に放出される。

先に、卵管、子宮、膣のもとになる管としてミュラー管があると記した。ミュラー管はミュラー管抑制因子にさらされると消える。胎児の生殖器にはミュラー管に並行してもう一つの管がある。ウォルフ博士が発見したウォルフ管である。

ウォルフ管はテストステロンにさらされると分化・成長を始めて、精巣上体、輸精管、精嚢など精子の輸送を行う管を形成することになる。ウォルフ管の奥の終点には原始生殖細胞が位置する。これは本来であれば並行して存在していた、ミュラー管の終点でもある。

何ごともなければこの細胞は卵細胞になるはずだった。ところがテストステロンのシャワーを浴びることによって、ここでも原始生殖細胞はデフォルトからカスタマイズのわき道を歩むことになる。すなわち精子細胞を作り出す精巣となる。デフォルトでは原始生殖細胞は左右に分かれた卵管の奥に安住するはずだった。が、精巣に変わると徐々に下降することになる。

下降した精巣は、割れ目を閉じ合わせてできたところまでさがる。その部分はちょうど女性器の割れ目にあった左右の大陰唇を縫い合わせてできた、だぶつきがある袋状の場所である。こうして陰囊が出来上がる。陰囊の中央には縫合痕がある。男の子の赤ちゃんが生まれるとすぐに看護師は左右の手の指先でそっと赤ちゃんの陰囊を探る。ちゃんと精巣が下降して収まるべき場所に収まっているかどうかを確かめるためだ。

ウォルフ管の反対側、つまり外へ通じる出口はどうなるか。精巣で作られた精子は、ウォルフ管が作り出した通路、すなわち精巣上体に入り、輪精管を経て精子の貯留槽である精囊に入る。射精時に精囊は0・8秒間隔で強く収縮し、精子は射精管を通じて外へ放出される。つまり射精管はウォルフ管の一番外に近い部分から作られている。

読者はここではてな？　と感じるだろう。肝心の精子発射砲、つまりペニスはどこへいっ

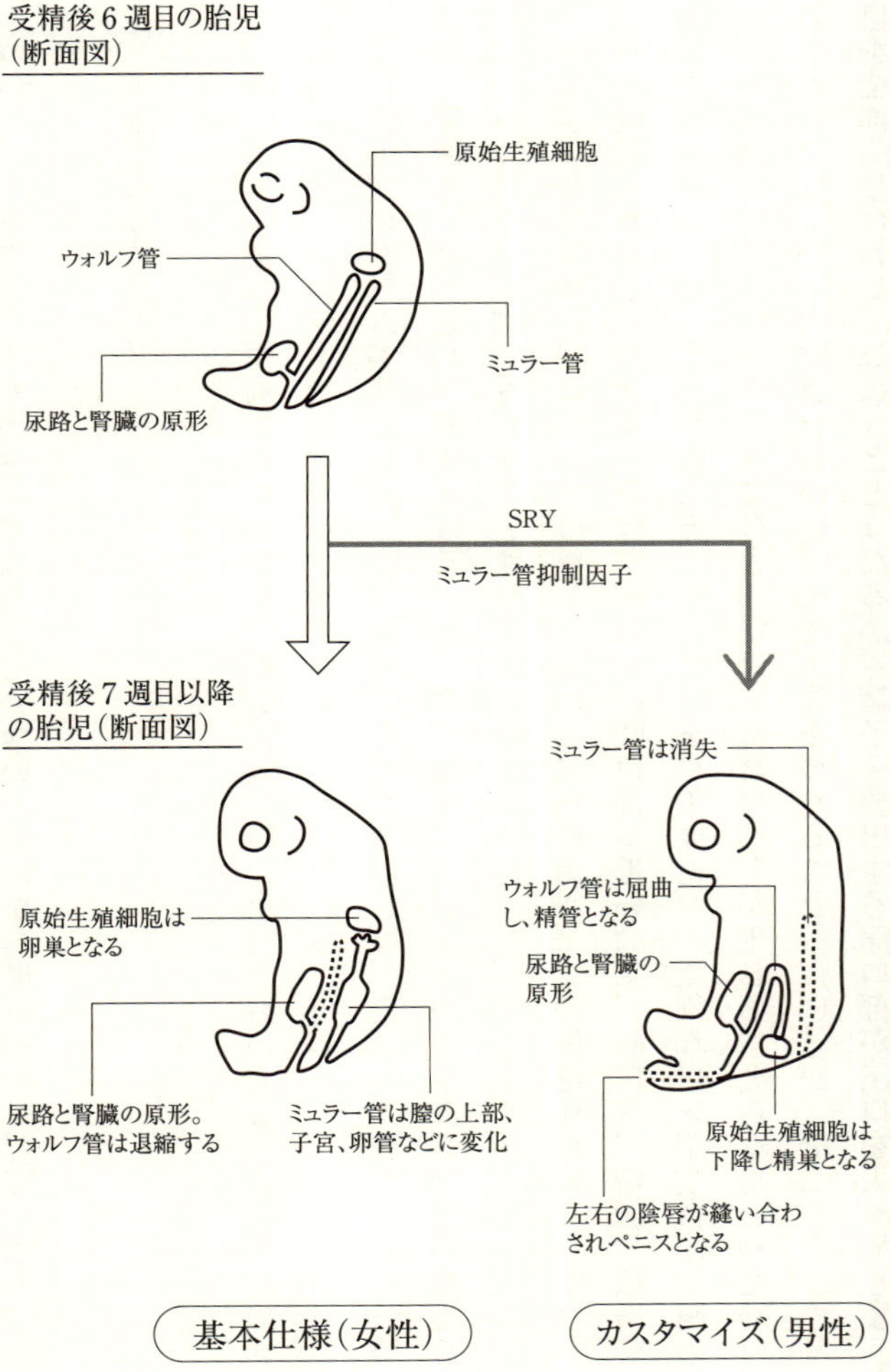
受精後6週目の胎児
（断面図）
原始生殖細胞
ウォルフ管
ミュラー管
尿路と腎臓の原形
SRY
ミュラー管抑制因子
受精後7週目以降
の胎児（断面図）
原始生殖細胞は
卵巣となる
尿路と腎臓の原形。
ウォルフ管は退縮する
ミュラー管は膣の上部、
子宮、卵管などに変化
ミュラー管は消失
ウォルフ管は屈曲
し、精管となる
尿路と腎臓の
原形
原始生殖細胞は
下降し精巣となる
左右の陰唇が縫い合わ
されペニスとなる
基本仕様（女性）
カスタマイズ（男性）

たのかと。この時点ではまだペニスはできていない。これから順を追って見ていこう。

不細工な仕上がり

生命の基本仕様はまず割れ目をつくり、そこに入り口（出口ともいえる）を持つ細い管を2本用意した。ミュラー管とウォルフ管である。二つの管は並んでいる。もし発生プログラムが基本仕様＝デフォルトのままであれば、ミュラー管が成長し、膣、子宮、卵管という一連の生殖管になる。かたや、発生プログラムの途中にＳＲＹが挿入され、そこからカスタマイズが進行するとすれば？

ミュラー管は抑制因子によって萎縮し、かわりに男性ホルモンの促進作用によってウォルフ管が成長を始める。ウォルフ管は、割れ目の開口部に近い順に、射精管、精嚢、輸精管、精巣上体という一連の生殖管になる。そしていまや不要となった割れ目を閉じ合わせ始める。

このカスタマイズのプロセスでひとつだけ不都合なことが生じる。要らなくなった膣口を閉じることはよい。大陰唇を縫い合わせて玉袋をつくることもよい。が、そこから上の割れ目を全部閉じ合わせてしまうとどうなるか。精子を放出する開口部が出口を失ってしまうという困った事態が出来《しゅったい》する。また、はたと気がつけば割れ目を閉じると尿の出口もなくなってしまうではないか。

尿路の形成についてもまた、女性の構造を見ると生命の基本仕様がわかる。ミュラー管は膣、子宮、卵管を作る。ミュラー管と並行してそのすぐ上を走っているウォルフ管。これは男性では精管になるが、女性にとっては無用のものとなる。しかしひとつだけ用途がある。それが尿路の形成だ。ウォルフ管のごく開口部に近い場所、そこから別の分岐路が徐々に奥へ陥入を始め、通路を形成していく。これが尿路つまり尿道である。この通路は途中、膀胱という貯水槽を作り、さらに上方へ伸び、後に腎臓になる細胞がある場所まで達する。膀胱から腎臓までの尿路を輸尿管と呼ぶ。

精管になる部分、つまり尿道との分岐以降のウォルフ管部分は女性の場合、その後、使用用途がないので退縮していく。男性の場合は、右記のとおり精管になる。だから尿路は精管から派生し、出口近傍では尿路は精子の通り道を拝借している、ということになる。

尿道が合流したウォルフ管の出口。女性ではここが割れ目になって外界へ通じる。今、男性化のカスタマイズはこの割れ目を肛門の側から縫い合わせて膣口を閉じた。左右の大陰唇を閉じ合わせ玉袋を作った。そして今やウォルフ管の出口ごと縫い合わせ作業を進めていこうとしている。

しかしそのとき一つだけ配慮が行われた。完全に縫い合わせると、尿も、そして精子も外へ放出することができない。それゆえ縫い合わせる際、尿と精子が通過できる細い空洞を残しながら割れ目を閉じていったのである。このとき使われた左右の組織は、女性器でいえば小陰唇の部分である。小陰唇はやわらかい海綿状の組織でできている。その網目の毛細血管に血液が流れ込めば海綿は膨潤して大きくなる。

内部に細い通路を残しながら小陰唇を全部左右に縫い合わせると最後に三角形の突起に行き当たる。小陰唇を合一した棹《さお》は最後にその頂にこの三角形の突起をドーム状に拾い上げて載せてから、その下側に通路の口をあけた。テストステロンの作用がこれらに参画するすべての細胞の増殖を促進し、一連の造形を太く、長くした。これで完成である。

男性諸君、今一度、自分の持ち物の形状を仔細に点検してみよう。棹に当たる部分はあたかも〝たらこ〟のような紡錘形の海綿組織を左右から寄せ合わせたようになっている。亀頭の部分もそうだ。こけしの頭の真ん中に穴をうがったような単純な半球状ではない。まさに爬虫類の頭部のように上側は丸く底面は平たい。そして尿道はその底面の中央をあたかも左右に寄せたような浅い通路を通って開口しているのだ。この不可思議にも精妙な形状はすべて、女から男へのカスタマイズの明々白々な軌跡そのものなのである。

これは必ずしも私の恣意《しい》的な解釈ではない。生物学におけるHOWの在りようは、しばしば自然が行ったいたずらによって説明しうることがある。ちょうど両性具有がSRY遺伝子の存在をあぶりだしたように。この場合もそうだ。男児の先天性奇形に尿道下裂という障害がある。尿道がペニスの先端に開かず、代わりにもっと下の位置、例えば陰嚢の裏、あるいはいわゆる蟻の門渡りの途中に開いてしまっている。1000人に3人ほどの頻度であるという。つまり尿道下裂は、尿道の位置が女性型すなわち基本仕様＝デフォルトのままで、あとは縫い合わせだけが進行し、それ以降の通路形成・付け替えカスタマイズがうまくいかなかったケースと考えることができる。

ちなみに尿道下裂は、今では専門外科医の微細な手術によって尿道を再建・付け替えでき、完全に修復することが可能となっている。

＊　　＊　　＊

このように見てみると、最初に紹介したフェミニズム仮説、すなわち、女性は、尿の排泄のための管と生殖のための管が明確に分かれているが、男性は、それがいっしょくたなので、女性の方が分化の程度が進んでいる、つまりより高等である、との説はあながち間違っていないことがわかる。

あるいはこう言い換えることができる。男性は、生命の基本仕様である女性を作りかえて出来上がったものである。だから、ところどころに急場しのぎの、不細工な仕上がり具合になっているところがあると。

実際、女性の身体にはすべてのものが備わっており、男性の身体はそれを取捨選択しかつ改変したものにすぎない。基本仕様として備わっていたミュラー管とウォルフ管。男性はミュラー管を敢えて殺し、ウォルフ管を促成して生殖器官とした。それに付随して様々な小細工を行った。かくして尿の通り道が、精液の通り道を借用することになった。ついでに精子を子宮に送り込むための発射台が、放尿のための棹にも使われるようになった。

女性は何も無理なことはしない。ミュラー管がそのまま育ち生殖器官となる。女性は何かを殺すこともしない。女性の身体には今でもウォルフ管の痕跡が残っている。

アダムがイブを作ったのではない。イブがアダムを作り出したのである。

第七章　アリマキ的人生

アリマキの生活

アリマキ、という小さな虫の生活を見ると、私たちのはるか祖先が性をどのように扱っていたのかが手にとるようにわかる。そして男とはどのようなものであるのかも。

風にそよぐ野の花。私の視線は、しかし花そのものではなく、すこし腰をかがめて見る花の柄のあたりに注がれる。するとそこにはたくさんのアリマキがとりついていることに気づかされる。アリマキは実にどこにでもいる。無数に。身体はほんの数ミリ。極小のティアドロップ形。透きとおるような薄い緑色をしている。そこから短く、糸のように細い手、脚、触角が出ている。それをアリマキたちはいつも忙しそうに動かしている。

よく見るとアリマキたちはそれぞれ全く同じ形をしつつも、大きさと緑色の濃淡が異なる。その粒々が草花の茎にびっしり貼りついて大集団を形成している。アリマキたちがどれも同じ姿をしていることにはわけがある。大きめのものは最初にここへ来た母。その周りにいる中型はその娘、さらに彼女たちの間に多数蠢《うごめ》いている小型のものは、そのまた娘たちなのである。

アリマキの一種
写真提供：YMRC Photos

アリマキたちの唯一の食べ物は植物の汁である。アリマキたちはその小さな顔に不釣り合いな、長い、先の尖《とが》ったストローのような口吻《こうふん》をもっている。これを植物の茎に突き刺して、中の甘い汁を吸う。

動物は、栄養分を全身に循環させるために血管網を発達させた。その末端の支流は多岐に枝分かれした毛細血管となって皮膚の近くにも分布する。蚊はそこに到来し、口吻を差し込み血を吸い出す。蚊は一瞬のためらいもなく、皮膚の下の細い血管のありかを探り当てる。その正確無比ぶりは、私たちの腕に、採血の針を何回も刺しなおす新米の看護師の比ではない。

蚊がその口吻の先に特別な味覚もしくは嗅覚細胞を持っているのと同様、アリマキの口吻の先にも同じような感受の仕組みがあるに違いない。植物体内の甘い汁のありかを探し当てることについてはアリマキは超絶技巧を持つ。

植物体もまた、ちょうど動物の血管系のごとく、栄養素を葉から葉へ、根から梢《こずえ》まで循環させるために全身に張り巡らせた管状の輸送網を持つ。これを篩管系《ふるいかん》という。篩管には常時、ショ糖を主成分とした、栄養素に富む甘い汁が流れている。小さなアリマキたちは、まずその手脚を植物の茎の要所要所にホールドし、がっちりと三点確保したあと（昆虫は計6本の手脚があるので正確には、二重の三点確保である）、口吻を茎に差し込み静かにその先を沈めていく。その動きが止まったときが、蜜の水脈を探り当てたときである。

ヒトの血液を採ってそれを分析すれば、その人の栄養状態や病気の予兆を分析できるのと同様、植物学者たちもまた、植物の茎を流れる篩管液を採って、植物の栄養循環の様子を見てみたいと古くから願っていた。

しかしこれは、看護師がやがて熟練してくるのとは違って、非常に困難な課題であった。篩管は非常に細い管で、文字通り、その断面構造は篩状になっていて、その複雑な構造と位置は、植物の茎を輪切りのスライスにして顕微鏡で見てようやくわかる。流れているものも、赤い血ではなく、透明な糖液なので外からは見えない。脈動もない。植物の多くは、しかも外部からの侵襲に極めて敏感である。カミソリのようなもので傷つけられると、それに対して防衛反応がたちどころに起こる。これは植物全体の状態を大きく変化させてしまう。

植物学者たちはアリマキを心底うらやんだ。どんなに細い注射針を使ったとしても、アリマキのように、植物にさとられることなく、しかし百発百中で、篩管液を採取することなどかなわない。それができたらどんなにか研究をすすめることができるだろう。

アリマキの巧妙な蜜吸い行動が、自然界の一事象であるとするなら、人間の創意工夫、そしてその搾取にかける貪欲さが止まることを知らないのもまた事実だった。

＊　＊　＊

ケンブリッジ大学の昆虫学者ケネディとミトラーは、一心不乱に、蜜を吸い続けるアリマキの姿を常日頃から長い間、観察していたのだろう。吸蜜中のアリマキは、そのことにあまりに熱中しすぎて周りのことは一切気にしない。たとえ研究者が、小型のピンセットでアリマキの身体をちょんちょんと押しても、動かされまいと脚を踏ん張る程度で、吸蜜行動をやめる気配はない。

そこでケネディとミトラーは考えた。ならばいささか残虐な行為ながら、吸蜜中のアリマキに、薄くて小さなナイフを持って接近し、その口吻を顔の直下の部分で、スパッと切り離してしまえば。

実際に彼らはそうしてみた。おそらくアリマキ自身は自分の身に一体何が起こったのかわからなかったはずである。ついで、ケネディとミトラーはアリマキの身体を茎からはずした。そこには茎に刺さったままの口吻が残っていた。口吻の切断面の開口部からは、篩管から押し上げられてくる甘い蜜が新たな透明の球となって膨らみ始めていた。

純粋な形で採取された篩管液の内容を分析すると、そこには高濃度の糖を始めとする栄養素が含まれていることが判明した。糖の含量は、しばしばアリマキにとって十分すぎるほど濃い。そこでアリマキは一方で貪欲に蜜を吸いながら、吸収しきれなかった甘い蜜を透明な雫《しずく》の玉としてお尻からだす。これを求めて蟻たちが足しげくアリマキが集まっている場所に訪れる。蟻たちは、甘露をいただく一方で、しばしば、アリマキそのものを餌にしようと接近する他の昆虫（テントウムシなど）を追い払い、アリマキ利権を囲い込んでさえいる。

ケネディとミトラーの「首チョンパ」実験法は、一見、夏休みの自由研究を思わせるような素朴な「発明」だった。が、しかし、その有用性は当時の研究者たちの関心を引いたのだろう。1953年3月21日号のネイチャー誌に採択され、立派な論文として掲載された。S

RY遺伝子の発見を報じた、かのネイチャー誌にもこのような牧歌的な一面を体現していた時代があったのだ。

奇しくもひと月あとの、同年4月25日号のネイチャー誌には、生命科学史上最も有名な発見、ワトソンとクリックによるDNAの二重ラセン構造が報告されることになる。

メスだけの高速繁殖戦略

さて、アリマキの数奇な運命にページを割きすぎた感があるかもしれない。

が、しかしアリマキにとってそれぞれの個体の生と死は、それがどのような形のものであれ、時間の流れの中の一瞬の必然でしかない。なぜなら、アリマキはすさまじい繁殖力によって爆発的に増え、世代は連綿と前進し続けているからである。

そして、アリマキの繁殖力はひとえに、アリマキの世界が基本的にメスだけでなりたっていることによる。

メスのアリマキは誰の助けも借りずに子どもを産む。子どもはすべてメスであり、やがて成長し、また誰の助けも借りずに娘を産む。こうしてアリマキはメスだけで世代を紡ぐ。しかも彼女たちは卵でではなく、子どもを子どもとして産む。哺乳類と同じように子どもは母の胎内で大きくなる。ただし哺乳類と違って交尾と受精を必要としない。母が持つ卵母細胞から子どもは自発的・自動的に作られる。母の胎内から出た娘は、その時点でもうすでにティアドロップ形の身体に細い手脚を持つ、小さいながら立派なアリマキである。しかも彼女たちの胎内にはすでに子どもがいる。アリマキたちは、ロシアのマトリョーシカのような「入れ子」になっているのだ。母の胎内に娘が育つ。そして娘は、まだ産み落とされる前に、すでにその胎内に次の娘を宿している。その娘の中にもまた次の萌芽が……。

鏡を持って、鏡の前に立ち、そこに映る鏡の中を覗き込んだときのように、アリマキの内部にはめまいに似た無限の連鎖がある。そしてメスたちは絶え間なく出産を繰り返す。1日に数匹という速度で。その娘たちも同様である。植物の表面は瞬く間にアリマキのコロニーに埋め尽くされる。彼女たちは一斉に口吻を篩管に差し込んで蜜を吸う。それゆえ、ある場所に無数に群がるアリマキたちは、どの個体をとっても母と全く同じ姿形の美女である。つまり彼女たちは、みな互いにクローンなのである。

この全く無駄のない高速の繁殖戦略に太刀打ちできる生物はほとんどいない。メスとオスを必要とする有性生殖。私たちヒトを含む多くの生物が採用する方法は、アリマキの目から見たら気の遠くなるほど効率の悪いものに映るだろう。

私たち有性生物は、パートナーを見つけるため、常々右往左往し、他人が見たら馬鹿げた喜劇としか思われようのない徒労に満ちた行為を、散々繰り返してようやく交接に至る。首尾よく成功したとしてもそこで受精が成立する可能性はそれほど高くない。その後、生まれた卵あるいは子供を保護し、生殖年齢まで育て上げるためには驚くべき時間とコストがかかる。アリマキたちにはこの一切がないのだ。

できそこないのメス、

ところが、アリマキたちには、この優れて効率のよい自分たちの生活の仕組みを変えるときが来る。1年に1度だけ。

春から夏にかけて気温が高く、食糧となる植物がいつでも繁茂しているような環境では、アリマキたちは母から娘へと世代をつないで繁殖する。しかしやがて空が高くなって秋を迎え、ひんやりとした空気が葉の上に朝露を運ぶようになると、彼女たちは冬の訪れを予感するようになる。こんどの冬はことさら長く厳しいものになるかもしれない。

正確にいえば、アリマキたちは気温の変化の他に、夜の時間の長さを計っているらしい。目に近い脳のそばに暗期を計る体内時計を担う細胞がある。

秋も深まったある日、アリマキは、これまでとは違うやり方で子どもを作ることにする。あるスイッチを入れて、自分たちのプログラムの基本仕様に分岐路を作る。分岐路から基本仕様を外れて特別なカスタマイズ経路をたどったもの、ここに初めてオスのアリマキが産み出される。

アリマキはどのようにしてオスを作り出すのだろうか。それはヒトの場合と原理的には同じ方法である。というよりも、むしろヒトがアリマキの方法を踏襲した、といえる（2億年前、すでにアリマキたちはこの地球上に存在していた。その時代を反映する地層から発見された琥珀《こはく》の中に、今とほぼ同じ姿のアリマキが封じ込められている。アリマキは生物としてはヒトよりもずっと先輩にあたる）。つまりメスを変えてオスを作る。ただしヒトに比べ、より原始的な方法で。

アリマキの基本仕様はメスである。アリマキは基本仕様としてのメスをカスタマイズしてオスを作る。ヒトの場合、基本仕様としてのメスのプログラムをオスへと分岐させるスイッチとしてＹ染色体上のＳＲＹ遺伝子があった。

実は、アリマキの場合、何が分岐のスイッチとなっているのか、ヒトの場合ほど明確にはわかっていない。わかっているのは、気温が下がり夜が長くなると、メスのアリマキの身体の中で特殊なホルモンのバランスが変化する、ということである。

これが染色体の構成を変える。アリマキのメスは性を決定する染色体として二つのX染色体を持つ。つまり、ヒトと同じXX型をとる。季節のよいあいだ、すなわちメスがメスだけで世代を繋《つな》いでいるとき、染色体はそのまま複製され、母のXX型は、娘のXX型へとコピーされる。ここにはY染色体は存在しない。おそらくメスをオスにカスタマイズするためのY染色体は、生命の進化においてもっとずっと後になって作り出された仕組みなのである。アリマキたちは、より原始的な方法でオスへのカスタマイズを行った。

ヒトの場合で見たとおり、基本仕様としてのメスには過分も不足もない。付け加えるものも、わざわざ捨てるものもない。オスだけが、不要なミュラー管を殺し、急作りの造作を加えた。この原則は、アリマキでも同じである。メスをオスにするには、何かを捨て、何かを転用しなければならない。全く何もないところから、例えばY染色体のようなスイッチを作り出すことはできない。

そこで、アリマキはメスの仕様から、一段階、あえて減らすことを行った。２本あるX染色体をひとつ捨てることにしたのだ。XX型がX型となる（1本X染色体がなくなったことを示すために、このような場合、XO型と表記する）。XO型になれば、文字通り、XX型に比べ、性染色体に載った遺伝子の情報量は半減する。情報量が半減すれば、そこから作られるタンパク質量、つまり遺伝子の作用量もおおむね半減する。そして、その結果、できそこないのメスとしてオスが産み出されることになった。

不思議な現象

アリマキのオスはどことなく哀しく見える。たっぷりと蜜を吸って、動きも緩慢、豊満な身体のメスに比べると極めて対照的だ。オスは干からびたような、がりがりにやせた身体をしており、手脚も華奢《きやしや》だ。それをばたつかせながら落ち着きなくあちこちを走り回る。彼らにはするべきことがあるのだ。オスのアリマキの役割はただひとつ。秋が終わるまでに、できるだけ多くのメスと交尾をすること。彼らは一瞬の休みもなくメスの間を渡り歩いて、命が尽きるまでその勤めを果たさねばならない。

アリマキのオスは、精子をメスに届ける。先に書いたように、先駆者ネッティー・マリア・スティーブンズが発見したとおり、ゴミムシダマシのような昆虫の場合でも、そして後年明らかになったように、ヒトの場合でも、精子の中には、普通の体細胞が保持している染色体の半分が送り込まれる。ヒトの体細胞は、22本の常染色体（性染色体以外の染色体）をそれぞれ2組ずつと、性染色体XX（メス）かXY（オス）を持つ。精子はこれが半分に分配され、22＋Xと22＋Yの精子が半々に作られる。メスの卵子は、XXが均等に分配されるので、22＋Xの1通りとなる。

アリマキのオスの体細胞の染色体の構成は、ｎ本の常染色体2組ずつ（ｎの値はアリマキの種類によって異なる。少ないものは数本、多いものは30本以上）とX0型の性染色体、つまりX染色体が1本である。これが半分半分に分配されるとどうなるか。ｎ＋Xの精子とｎ＋0（X染色体を1本も持たない）精子ができることになる。

一方、これを受け取るメスのアリマキの方はどうなっているのだろうか。オスと交尾するメスは、このときすでに、誰の手も借りずに娘を次々に産んでいたメスとは違った身体をしている。外見的には変化はない。しかし身体の中に卵子を用意しているのだ。２ｎ＋XXの染色体型が、卵子では半分に分配され、ｎ＋Xとなる。

ここで不思議なことが起こる。オスの精子のうち、ｎ＋0型、つまりX染色体の分配にあずかれなかった精子は、その後まもなく、死んでしまうのである。これがなぜなのかはわかっていないが、X染色体に乗っている遺伝情報は、2倍量（XX）なら完成形のメスを、1倍量（XO）なら不完全なメスとしてのオスを作り出し、全く存在しない（0）と、生命（この場合は精子細胞）を維持することができないということを示している。したがって、アリマキのオスの精液の中に含まれる精子は、必然的に、n＋X型の1種類だけになる。これは何を意味するだろうか。

メスの卵子は、n＋X型のみ、オスの精子も、n＋X型のみ。するとこれが受精してできる受精卵の遺伝子型は一義的に、2n＋XX型の1通りしか存在しないということになる。2n＋XX型、それはすなわちメスである。

わずかな変化

冬が近づくとアリマキたちは、初めてオスを作る。オスはメスを探して交尾し、精子と卵子が受精して受精卵を作る。メスは受精卵をどこか安全な場所、草木の隙間や厚いコケの下などに産む。受精卵はすぐには発生を開始しない。硬い殻に包まれ、低温、凍結、乾燥などに耐える。その耐性は、やわらかい身体を持つ成虫のアリマキよりもずっと強い。だからこの冬が例年になく、長く厳しいものであったとしても次の春まで生き延びるチャンスが大きい。

雪が解け、風の中にわずかながらやわらかさが感じられる、新しい年のある日、受精卵からアリマキたちが孵化してくる。アリマキたちの遺伝子型はすべて2n＋XX。新しい春の新しい命は、全員がメスとして開始される。メスたちは本来のあり方に戻る。誰の力も借りずで子どもを産む。生まれた子どもたちもまた全員がメスである。娘たちはすぐにまた自分だけで子どもを産む準備を始める。細い口吻を植物に差し込んで、たっぷりと蜜を吸う。

メスはメスだけで命を紡いでいく。しかし、今年のメスは去年のメスとひとつだけ違うことがある。それは昨年の秋、ほんの一瞬現れたオスによって、メスとメスの遺伝子が、新たに出会い、交換されているということだ。

出会いと交換によって何が生み出されるか。それは誰にも予想できない。ただ、これまでと異なる多様性が生み出されることだけは確かだ。その多くは、新しい環境に対してあまり有利に働くものではないだろう。あるいは有利にも不利にも働かないかもしれない。しかし遺伝子の交換によって、ほんのわずかだけ、変化がもたらされることがある。すこしだけ乾燥に強い。わずかだけ凍結に耐えられる時間が長い。エネルギー変換の効率がちょっとだけ優れている……。

一冬の間に起こる大規模な気候変動の結果、大半の受精卵が死滅してしまうようなこともあるだろう。あるいは季節のよいときであっても、ローカルな環境変化が急激に襲ってくることもあるだろう。その際、前の年にシャッフルを受けた遺伝情報の組み合わせからほんのわずかながら、その試練をかいくぐって生き延びる者があればよい。生命は常にその危ういチャンスに賭《か》け、そして流れを止めることなく繋げてきたのである。

強い縦糸と細い横糸

地球が誕生したのが46億年前。そこから最初の生命が発生するまでにおよそ10億年が経過した。そして生命が現れてからさらに10億年、この間、生物の性は単一で、すべてがメスだった。

メスたちは、オスの手を全く借りることなく、子どもを作ることができた。母は自分にそっくりの美しい娘を産み、やがてその娘は成長すると女の子を産む。生命は上から下へまっすぐに伸びる縦糸のごとく、女性だけによって紡がれていた。それぞれの縦糸を担う女性は自分たちの姿かたちに尊厳と誇りを持っていた。女性たちは自分を他と比べることもなく、嫉妬や羨望といったものも存在しえなかった。なぜなら自らの縦糸を途切れることなく紡いでいくことのみが生きることのすべてであったからである。

こうして地球上の生命はそれぞれその命脈を保っていた。子どもを作る仕組みもうまく働いているように見えた。すくなくとも最初の10億年の間は。

母が自分と同じ遺伝子を持った娘を産むこの仕組み、すなわち単為《たんい》生殖は、効率がよい。今でも単為生殖で増殖している生物はアリマキを始めとしてたくさん存在する。好きなときに誰の助けも必要とせず子どもを作ることができる。現在、二つの性をもつ生物がその一生の大半を費やさねばならないコートシップの営為、つまり生殖に至るための様々な面倒な手続きが一切不要であるから。

しかしこの単為生殖のシステムにはひとつだけ問題点があった。自分の子どもが自分と同じ遺伝子を受け継いで増えていくのはよい。しかし、新しいタイプの子ども、つまり自分の美しさと他のメスの美しさをあわせもつような、いっそう美しくて聡明なメスをつくれないという点である。環境の大きな変化が予想されるようなとき、新しい形質を生み出すことができない仕組みは全滅の危機にさらされることになる。

生命が出現してから10億年、大気には酸素が徐々に増え、反応性に富む酸素は様々な元素を酸化するようになり、地球環境に大きな転機がおとずれた。気候と気温の変化もよりダイナミックなものとなる。多様性と変化が求められた。

メスたちはこのとき初めてオスを必要とすることになったのだ。

つまり、メスは太くて強い縦糸であり、オスは、そのメスの系譜を時々橋渡しする、細い横糸の役割を果たしているに過ぎない。生物界においては普通、メスの数が圧倒的に多く、オスはほんの少しいればよい。アリマキのように必要なときだけ作られることもある。

本来、すべての生物はまずメスとして発生する。なにごともなければメスは生物としての基本仕様をまっすぐに進み立派なメスとなる。このプロセスの中にあって、貧乏くじを引いてカスタマイズを受けた不幸なものが、基本仕様を逸《そ》れて困難な隘路《あいろ》へと導かれる。それがオスなのだ。

ママの遺伝子を、誰か他の娘のところへ運ぶ「使い走り」。現在、すべての男が行っていることはこういうことなのである。アリマキのオスであっても、ヒトのオスであっても。

＊　＊　＊

人は女に生まれるのではない、女になるのだ

シモーヌ・ド・ボーヴォワールはこう高らかに宣言した。しかし、これは生物学的に見て明らかに誤りである。生物はすべて女として生まれる。だから、女はもともと女として生まれた。ボーヴォワールはもう少しリラックスすべきだったのかもしれない。彼女の言葉はむしろこう言い換えられるべきなのだ。

人は男に生まれるのではない、男になるのだ

あるいはこうもいえるだろう。

アダムがその肋骨からイブを作り出したというのは全くの作り話であって、イブたち

が後になってアダムを作り出したのだ。自分たちのために。

第八章　弱きもの、汝の名は男なり

やがて世界は女性のものに

平成16年、すなわち2004年は、このあと末永く日本の歴史に残る年号となる。日本の人口が最大値を示した年として。1億2777万6000人。翌'05年、出生数106万2530人、死亡数108万3796人を記録した。出生数を死亡数が上回った。つまり、ずっと増え続けてきた日本の人口が減少した。統計を取り始めて約100年。人口の自然増が初めて減少に転じたのである。

おそらくこの先、人口の減少は定常化するだろう。本稿執筆時点で最も新しいデータは'07年10月1日の統計だが、それによれば'04年に比べ、さらに6000人が減少し、1億2777万人。ちなみに'04年から'05年、'06年と減少しはじめた日本の総人口は、'06年から'07年にかけて1000人だけ増加した。ただし、これは外国人の流入によるもので、日本人(国籍を有し国内に居住する日本人)の数自体は一貫して減少しつつある。

もしこの傾向が続けば? 国立社会保障・人口問題研究所のシミュレーションによれば、最も厳しい推計(予測幅のうち出生率を低位にとり、死亡率を高位にとる)において、今からおよそ50年後、日本の人口は８２００万人となり、100年後には３４００万人となる。

人口３４００万人とは、江戸時代末期の日本とほぼ同じ水準である。しかし同じなのは総数だけだ。その中身は全く異なる。年齢別の人口構成がガラリと変化する。江戸時代末期、65歳以上の老年人口はおそらく、数％以下であったろう。それが40％以上に増える。

＊　＊　＊

それでもあなたは長生きしたい？　少なくとも私はしたい。できるだけ長生きして、この推計が正しかったのか見届けてみたい。日本の総人口は、おそらく上記の予測値ですら危うくなるような急激なスピードで減少していくだろう。

長生きするために心がけるべきことはなんだろうか？　それは、何が何でも、できるだけ、長生きすればよいのである。これは、トートロジーではなく、むろん禅問答でもない。１日でも長く生きれば、それだけより長生きできるチャンスがある。

あなた個人についていえば、明日、死ぬかもしれず、はたまた10年後、なお元気に生きながらえているかもしれない。生き死には運次第。しかし、この国のように、１億人を超える人口があり、毎年100万人規模の誕生と、それとほぼ同数の死があれば、個々の運不運を飲み込んで「平均値」を統計的に算出することができる。だから、ここから先は、「平均すると」という話になる。

もし、あなたがいま日本に生を享《う》けたばかりなら、あなたはこれから先、79年間生きることができる。もしあなたが20歳まで生きたのであれば、あなたはそこから先、79・5歳まで生きることができる。20歳まで生きれば、そこまでの試練はひとまず乗り越えたことになり、余命は半年延びるのである。もし40歳まで生きたなら80歳まで、60歳まで生きたなら82歳まで余命は延長される。生まれたばかりの予想値79歳を超えて、80歳まで生き延びたなら、あなたの余命はさらにいっそう延びて、88・5歳となる。長生きすれば、それに応じて10年近くも人生の停年は延長されるのだ。

ところが、長生きするためにはもっと簡単な方法がある。ただしその方法は任意に選び取ることができない。あなたがもし〃よき星〃のもとに生まれているのなら、あなたは生まれながらにしていきなり86年間の生命が与えられることになる。そして、80代なかばまで生き延びたのであれば（これは〃よき星〃の平均値なので、〃よき星〃の多くの人はここまで達することになる）、さらにボーナスがつき、あなたの寿命は93歳以上にまで延びる。

いったい〝よき星〟とは何であろうか。それは簡単明快、あなたが男性ではなく、女性でありさえすればよいのだ。現在、日本人男性の平均寿命（つまり生まれたばかりの男の子の平均余命）は、79・19歳であり、対して女性の平均寿命は、85・99歳。ゼロ歳の時点ですでに約7年の差がある。

女性の方が長く生きる。この結果はすでに人口比に表れている。現在、日本では女性の方が300万人も多いのである。今から50年たつと、その差は460万人にまで拡大する。男女数の差は年齢を経るほどに拡大する。80歳を超えると男性の数は女性の半分になる。100歳を超える男性の数は、女性の六分の一以下にすぎない。中年以降、世界は女性のものになるのである。

弱い男

どうして男性の方が短命であり、女性の方が長生きできるのだろうか。
男の方が重労働をしているから？
男の方が危険な仕事に就くことが多いから？
男の方が虐げられているから？

男の人生の方がストレスが大きいから？

いずれの理由ももっともに聞こえ、しかし、日本人の平均寿命に7年もの明確な差を生み出すには無理な説明にも聞こえる。日本は男にとってそれほどまでに住みにくい国なのであろうか。確かなことは、ここにあげた「男の方がたいへんだから」という理由づけはいずれも男を巡る環境要因である、ということだ。そして、環境要因に差があるから男性は短命なのだ、というロジックには暗黙の前提がある。生物学的要因には差がないとする前提である。

つまり、男と女は生物学的には平等に生まれるのにもかかわらず、その後に待ち受ける人生に（環境に、と言い換えてもよい）不平等があるから短命にならざるを得ないと。もしそうであるなら環境要因が変化すれば、男性に負荷をかける因子さえ除去できれば、男は女と同じくらい長生きできることになる。果たしてそうだろうか。

調査が行われた世界中のありとあらゆる国で、あるいはありとあらゆる民族や部族の中で、男は女よりも常に平均寿命が短い。つまり環境要因が様々に異なる場所で、いずれも男は早く死ぬ。もちろんその差はいろいろである。たとえばロシアでは13・2歳も男が短命である（男性58・8歳、女性72・0歳、2003年統計）。世界中の様々な歴史的、社会的な諸条件の中で、常に男性はその人生を、女性以上に過酷にすり減らしてきたのだろうか。寿命の短さはその帰結なのだろうか。

おそらくそうではない。男の方が女よりも寿命が短い傾向は、何時いかなる調査にでも表れる。いつでも、どこでも常に男の方が女よりも死にやすいのである。そしてさらに重要なのは、各年齢において、あとどれくらい生き延びることができるかという値、すなわち平均余命についても明確に差が表れることだ。女性の平均余命の方が常に長い。

つまり、いつの時代でもどんな地域でも、そしてあらゆる年齢層にあっても男の方が女よりも死にやすい。こうしてみると、男の方が人生たいへんだから、という自己陶酔的なヒロイズムは無力であることがわかる。歴史的、社会的にではなく、生物学的に、男の方が弱いのである。

生物学的な運命

それは次のデータを見ればより一層明らかとなる（図1）。

これは国立がんセンターの疫学専門家、津金昌一郎らがまとめた年齢階級ごとのがん罹患《りかん》率を表したものだ。縦軸に、人口10万人あたりのがん罹患者数、横軸に5歳刻みの年齢階級がとってある。がんは肺がん、胃がん、大腸がん、肝がんなどすべてを含む統計である。そして黒四角が女性、白四角が男性だ。

年齢が上がるにつれ、急激にカーブが上昇する。つまり、がん罹患率が高まる。そして圧倒的に男性の方ががんになりやすいことがわかる。60歳以降ではその差はダブルスコア以上となる（途中、30代後半から40代にかけてわずかに女性の罹患率が男性をしのぐ時期が見て取れる。おそらくこれはこの統計の中に、女性特有のがん、乳がんが含まれるからだと考えられる）。

このデータはどのように解釈すべきだろうか。男性の方が女性よりもがんになりやすい。これは環境のせいだろうか。つまり、男性がそのような生活をしているからだろうか？

喫煙や大量の飲酒、味の濃い食品に対する嗜好（高塩嗜好）は発がんのリスク要因である。喫煙者は男性に多い。大酒飲みは女性にもいるけれどやはり男性に多く、男性は飲酒の機会も多い。濃い味好みも男性に多いかもしれない。ちなみに、ワインには高濃度のカリウムイオンが含まれる。カリウムも塩の一種である。だからワインを飲みながら料理を食べると、口がカリウムイオンに慣らされて、塩に対する閾値《いきち》が高くなる。つまり、より塩味が利いた「インパクト」のある料理でないとおいしいと感じなくなる。だから概して酒飲みは、濃い

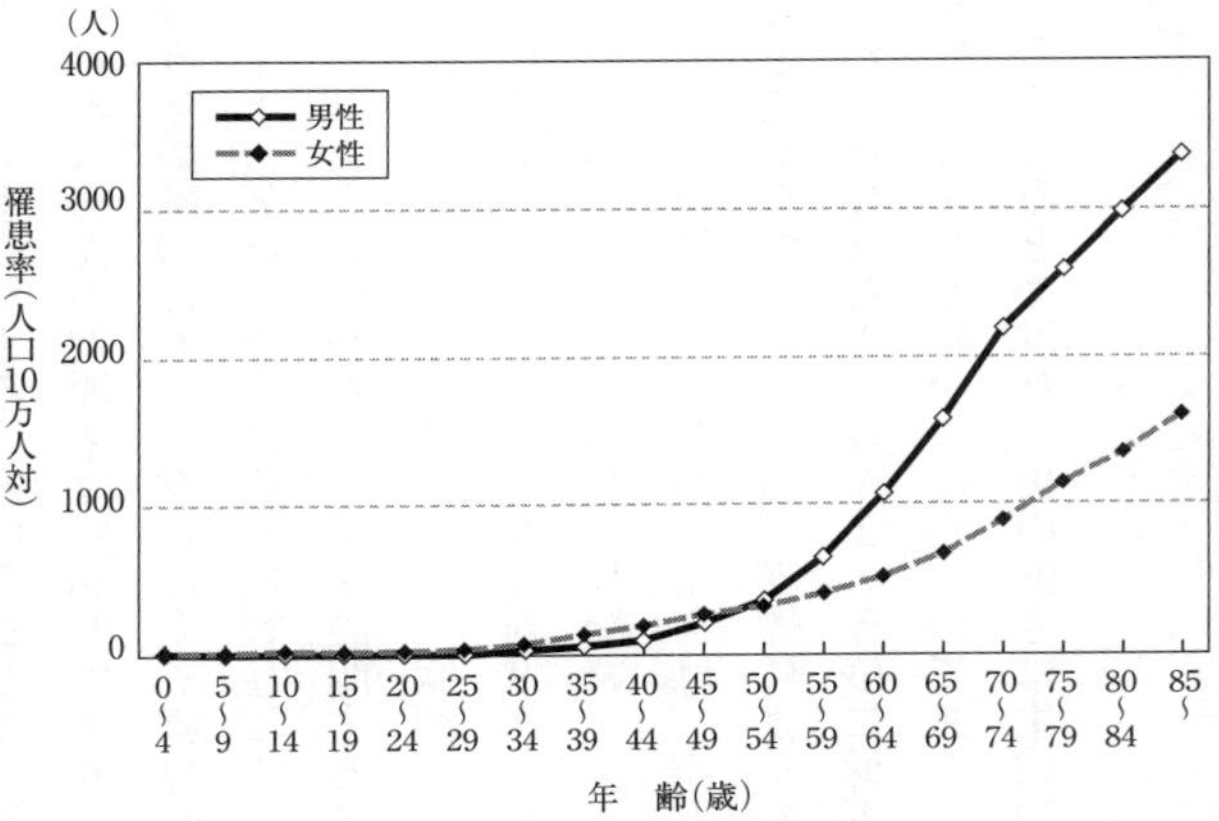

地域がん登録研究班全国推計値　1996年

図1　がんの年齢階級別罹患率

味好みと言える。それゆえに、酒飲みのグルメ案内はあまり信用が置けないということになる。うまい、究極の味、といったものが実は、味が濃いだけだったりする。

さて、それはともかく、男性に多いこのような生活習慣が発がんのリスクを高め、その結果がこの疫学データの大きな男女差となって表れているのだろうか。おそらく否《いな》である。

津金によれば、喫煙による発がんの相対リスクは1・6〜1・7倍程度だという。つまり大きな母集団をとって、その中での喫煙量、喫煙経験が平均化された群を比べると、喫煙群と非喫煙群では、喫煙群の方がすべてのがんの発症率において1・6〜

1・7倍程度高まる、ということである。

日本人男性の喫煙率は約50％であり、女性のそれは約6％である。だから仮に、タバコを吸う年齢階層において女性は全く喫煙せず、男性はその50％が喫煙して発がんリスクを1・6〜1・7倍引き上げるのに寄与しているとしても、先のデータに見られるような男女間の2倍以上もの発がん率の差を説明することは難しいことになる。

たとえ、その他の環境要因、飲酒や食塩摂取などが加味されて作用しているとしても、そこにはタバコほどの大きな相対リスクも、男女差もないだろう。だからやはり2倍以上の男女発がん率の差を説明しきれない。

そしてなにより津金のデータは、喫煙による発がんの相対リスクそのものに男女差があることを明らかにしている。喫煙による発がんの相対リスクは男性なら1・6〜1・7倍だが、これが女性なら1・3〜1・5倍に低下する。つまり同じだけタバコにさらされたとしても、女性の方ががんになりにくいのである。

そうなるとやはり、男の弱さは生物学的に運命づけられているとしか考えようがなくなる。

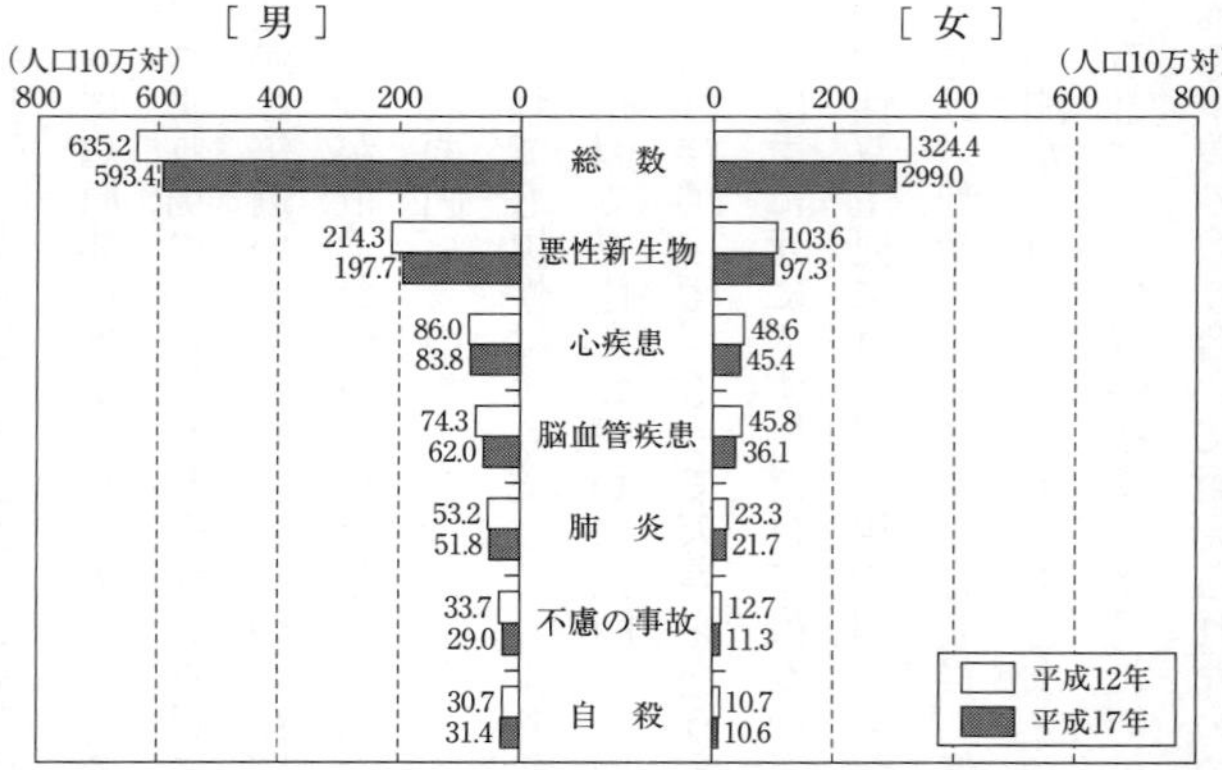

注：年齢調整死亡率は、人口構成の異なる集団間での死亡率を比較するために、年齢階級別死亡率を一定の基準人口（昭和60年モデル人口）にあてはめて算出した指標である。

図2　主要死因別死亡率

宿命的な弱さ

次のデータを見ていただきたい（図２）。これは厚生労働省が公表している主要死因別死亡率の一覧表である。10万人あたりどの死因で何人が死ぬかを男女別に見たものである。ここでいう10万人とは、日本人全体の年齢別人口構成比にあわせてデータを整理したもの（標準化人口）である。だから日本の男と女が、どのような原因でどれくらい死にやすいかがわかることになる。

どの原因でも男性が際立って多く死んでいることがわかる。悪性新生物（がん）は先に年齢別に詳しく見てきたとおりであり、このように標準化人口をとってもその傾向は同じだ。心疾患、脳血管疾患でも高い。肺炎のように病原体が外部から侵入してくる病気についても男性の方が2倍以上も死にやすい。つまり男はがんになりやすいだけでなく、感染にも弱い。不慮の事故と自殺についても男性が3倍近い。ただしこの二つの死因については環境因子の影響が大きいかもしれない。男性の方が危険な仕事に従事しているケースが多いだろう。社会的ストレスが大きいといった環境的要因も考慮すべきではある。

それでも男性はより危うく、より脆《もろ》いことは確かなのだ。ここには示されていないが、女性の死因で男性をわずかに上回っているものがひとつある。それは老衰だ。女は男よりも長く生きながらえ、そして天寿を全うするのである。

男は単に死にやすいだけではない。いろいろなストレスに弱く、様々な干渉を受けやすい。一卵性双生児には、男・男の組み合わせよりも、女・女の組み合わせの方が多い。一卵性双生児は、受精後、受精卵が分裂後、偶然二つに分かれてそれぞれ発生していくものだから、その開始の時点では、男・男と女・女の確率は半々のはずである。ところが実際の出産数を見ると女・女の方が多くなる。おそらく、ストレスに弱い男の双子は窮屈な子宮環境内の酸素や栄養の取り合いに耐えられないのだ。多くの病気も男性の方が罹患しやすい。痛風は4

倍、ヘルニアは9倍、男の方がかかりやすい。

がんになりやすく、感染症にかかりやすい。そして寿命が短い。なぜ男はこんなにも生きるのが下手なのか。男のこの宿命的な弱さは、何に由来するのだろうか。それは、ある意味で、無理に男を男たらしめたことの副作用とでも言うべきものなのである。以下に、そのことについて私なりの考察を進めてみたい。

がん――それは偶然の積み重なり

現在、日本人の死因のトップはがんである。とはいえ、がんになるのはそれほどたやすいことではない。細胞ががん化し、際限ない増殖を開始し、そして転移し、多数の場所で個体の秩序を破壊していくためには実は何段階もの「障壁」を乗り越える必要がある。

受精卵から出発した生命は、細胞分裂を繰り返し、多数の細胞の塊である初期胚になる。そして個々の細胞は徐々に専門化する。分化である。ある細胞は肝臓の細胞となり、別の細胞は脳の細胞となる。細胞は分化を果たすと、一般に分裂を止めるか、その分裂速度を緩める。つまり自分が何者であるかを知り、落ち着くわけである。

自らを知り、落ち着いたはずの細胞が、あるとき急に自分を見失うところからがんは始まる。分化を逆行して無個性の細胞となり、急激な、そして無限の増殖を開始する。

では、分化していた細胞がなぜ「脱分化」を起こし、増殖を止めていたものがなぜ細胞分裂を再開するのか。その手がかりは、正常な細胞とがん化した細胞の遺伝子を比べることから得られた。もちろんこの発見はさらりと一行でかけるようなものではなく、その過程には、何人もの研究者の長い努力があるのだが、あえて長い物語を短くするならば、こうである。

正常な細胞とがん化した細胞の遺伝子を詳細に比較すると、がん化した細胞で、成長や増殖に関わる遺伝子に点突然変異と呼ばれる微小な変化が起こっていたのだ。この変化はたとえていうなら、遺伝子暗号配列上のミスプリント、agaであるべきところが、acaに偶然書き換わってしまっていたのである。1文字、つまり点で起こる微小な変化なので、点突然変異と呼ばれる。

微小な変化ではあるが、これが重大な帰結をもたらすことになる。自動車のアクセルの伝達メカニズム上に、ちょっとした歯車の傷ができ、それが、アクセルを戻らなくしたとしたら。自動車は常に加速された状態となる。増殖に関わる遺伝子上の点突然変異はまさにそのような作用をもたらすものだった。この変異によって細胞は、常に増殖の命令がオンになり、細胞は分裂を無限に続けることになった。

しかし、このような変化がそのまますぐにがんにつながるわけではない。点突然変異はいつでも、どこにでもランダムに起こりうる。タバコには、DNAの複製に際してミスプリントを増加させうる有害な化学物質がたくさん含まれている。紫外線や放射線の作用も点突然変異を増やす。特別な外的作用がなくとも、DNA複製機構自体もまた稀な頻度ながらミスプリを犯す。

それゆえ細胞にはミスプリを見つけ、ミスプリを修正する仕組みが備わっている。DNAは、二重ラセン構造をとっている。ちょうどファスナーのように一組の対となっている。複製が終わって、新しいファスナーが組み上げられたとき、もしそこにミスプリが発生すれば、その部位はちょうどファスナーのピッチがかみ合わずに小さなズレや隙間として残るだろう。

DNA修復を担うのはある特別なタンパク質で、ファスナーの上を移動しながら、ファスナーのズレや隙間を見つけて回っている。そしてもしそのようなミスプリ箇所を発見すると、ミスプリ部分の側の遺伝子配列をいったん分解し、相手側のファスナーにそってズレや隙間ができないように、つまり正しい遺伝子配列になるよう複製を部分的にやり直すのである。

この仕組みがあるゆえに細胞はたまに遺伝子上のミスプリが発生したとしても異常が起こら

ない。

だから、がんになるためには、まずランダムに、わずかな確率で発生する点突然変異が、たまたま重要な細胞増殖に関わる遺伝子の上に発生し、しかもその変異が増殖を妨げるのではなく、増殖を促進するように作用するものでなくてはならない。つぎにこの細胞が、がん化するための条件は、DNA修復機構がその変異を修復せずに見過ごすことである。あるいはDNA修復機構自体が何らかの損傷を受けてその機能が低下してしまうような状況が必要となる。

細胞には、DNA修復機構以外にも様々な増殖抑制機構が備わっていて、細胞の暴走を制御していることがわかってきている。がん化のためには、そのような抑制をもかいくぐらなければならない。そのためには例えば、抑制機構をつかさどる遺伝子にも、突然変異が起こってその機能が低下するといった状況が必要となる。

つまり、細胞が暴走を開始するためには、アクセルの問題だけでなく、ブレーキの故障も必要となるのだ。またここでは詳述しないが、がん細胞が増殖を続けて大きな細胞塊になるためには大量の栄養と酸素が必要となるので、そのために毛細血管ががんの近傍に誘導されなければならない。そのための諸条件がそろう必要がある。そしてがん細胞が個体の他の場所に散らばって、そこに定着するためにも、つまり転移を行うために、がん細胞はただ増えるだけでなく、組織を溶かしたり、足場を築いたりする新しい能力を獲得する必要がある。

つまり、がん化には多段階のステップがあり、その都度、その障壁を乗り越えるような偶然が積み重なる必要がある。稀なことが複数回、連鎖的に発生しないと、がんはがんとなりえないのである。

それゆえに、がんの最大の支援者は時間だということになる。時間があればあるほど稀なことが発生しそれが蓄積する確率が増加する。その連鎖がつながったとき、人はがんになる。年齢とともにがんの発症率が増加するのはまさにこのためなのである。

両刃の剣

しかし時間だけが、がん細胞の発生と暴走を許しているのではない。がんががんたりえるために乗り越えなければならない大きな障壁がある。それは個体に備わっている高度な防御システム、免疫系だ。

免疫系には大きく二つの武器がある。侵入してくる外敵に対して結合し、これらを無害化する抗体。そしてもうひとつが白血球である。外敵を直接攻撃したり、外敵を取り囲みそれらを飲み込んで分解・無害化する細胞性免疫の仕組みだ。特にこの細胞性免疫は、細菌のような外部からの侵入者に対してだけでなく、内なる敵、つまり暴走しはじめた初期のがん細胞の除去にも一役買っていると考えられている。

この役割を担っているのは、白血球のうちナチュラルキラー細胞と呼ばれるものだ。がん化した細胞は、正常の細胞と比べて、細胞表面に存在するタンパク質の構成が変化する。ナチュラルキラー細胞は、これを指標にして、正常な細胞（自己）と異常化した細胞（非自己）を区別し、後者を排除する。

したがって、がん細胞が暴走し、増殖・転移するためには、ナチュラルキラー細胞に代表されるような、生体にあらかじめ備わっている免疫システムをもかいくぐらなければならないことになる。それは逆にいえば、がんががんたりえるということはすなわち、何らかの理由で免疫システムの防御能力が低下しているということでもある。

近年、明らかになってきた免疫系の注目すべき知見のひとつに、性ホルモンと免疫システムの密接な関係がある。主要な男性ホルモンであるテストステロンは、免疫システムに抑制的に働くのである。その理由やメカニズムの詳細は明らかではない。

が、しかし、テストステロンの体内濃度が上昇すると、免疫細胞が抗体を産生する能力も、ナチュラルキラー細胞など細胞性免疫の能力も低下する。テストステロンにさらされると、免疫細胞は細胞間のコミュニケーションに欠かせないインターロイキンやインターフェロンγ《ガンマ》といった伝達物質の放出能力が抑制され、その結果、程度の差はあれ免疫システム全体の機能が低下することになる。

そしてテストステロンこそは、SRY遺伝子の最も忠実なしもべなのである。先に記したように、受精後6週目に、男性となるべき受精卵に運び込まれたY染色体上のSRY遺伝子が活性化され、一連のカスケードが動き出す。男性を象徴する器官が作り出される。その中心に睾丸の形成がある。そして、睾丸からは大量のテストステロンが、このあと受精24週目まで放出されつづける。テストステロンは筋肉、骨格、体毛、あるいは脳に男性特有の変化をもたらす。胎児は全身にこのテストステロンのシャワーを浴びて初めて男になるのだ。

テストステロンの分泌はその後、いったん休止する。思春期を迎えると男性の睾丸から再び、大量のテストステロンが放出され、男の子の身体に第二次性徴をもたらす。テストステロンはその後も高い値を維持し、加齢とともにゆっくりと減少していく。

つまり、男性はその生涯のほとんどにわたってその全身を高濃度のテストステロンにさらされ続けることになる。これが男を男たらしめる源である。とはいえ、同時にテストステロンは免疫系を傷つけ続けている可能性があるのだ。

なんという両刃の剣の上を、男は歩かされているのだろうか。

＊　＊　＊

もちろんこのことが男の弱さのすべてを語ることにはならないだろう。しかし男の弱さのいくぶんかを説明することにはなるはずだ。そして、その弱さが、男であることと表裏一体であることも。

Y染色体という貧乏くじを引いたばかりに、基本仕様である女性の路線からはずれ、遺伝子の使い走り役に作りかえられた男たち。このプロセスで負荷がかかり、急場しのぎの変更が男性の生物学的仕様に不整合を生じさせたのである。ちょうど、カスタマイズされたPCの内部で、カスタマイズされすぎたゆえに、思いがけないソフト同士の衝突や設定の不整合が発生して、PC自体がフリーズしてしまうように。弱きもの、汝の名は男なり。

第九章　Ｙの旅路

写本の系譜

先の章で触れた古文書のたとえをここで再び使わせていただきたい。

およそ十数万年前、アフリカの洞窟でその文書は生まれた。文書はその都度、書き写されて次の世代に伝えられる。書き写された文書、すなわち写本はその地域にとどまるものもあり、またよその土地へ運ばれるものもある。運ばれた写本は、行く先々で別の写本を生み出した。写本は全世界に散らばって今に至る。

書き写しは非常に正確に行われる。万一、写し間違いや書き損じが生じても厳しい校正が入り、それらを修復する。だからある写本と別の写本とは基本的に同一のコピーとなる。それでも写本一冊には膨大な文字が含まれている。およそ２５００万字。それゆえ、写本と写本を一字一句引き比べて見ると、時に細かな差異が見つかることがある。校正の目を潜り抜けてごく稀に生じるささいなミスプリだ。例えば、115ページの25行目、上から13番目の文字が書き換わっている、という具合に。

もちろん文書全体の内容にとってはとるに足りない変異である。しかし、このような差異は写本の系譜を探る上で極めて重要な手がかりを与えてくれるものとなる。

　ある地域に存在する写本を集めて、115ページの25行目、上から13番目の文字を調べてみる。すると一定の割合の写本で「C」、残りの写本で「T」となっていたとしよう。この場所の差異を「多型性１」と呼ぶことにする。多型性１は、CまたはT。ただし、これだけではCがオリジナルで、それがTに書き損じられ後世に伝わったのか、はたまたその逆でTがオリジナルだったのか、それは判断できない。

　古文書の研究者たちはあくなき探求を続けてきた。別の微小な差異を次々と見つけたのである。例えば、517ページ、63行目、18番目の文字。それが「A」のケースと「G」のケース。これを「多型性２」と呼ぶことにしよう。

　さらに１８１２ページの21行目。ここには余分な数文字が書かれているケース（＋）とそれが書かれていないケース（－）。「多型性３」である。本来、そこに書かれていた文字が脱落してしまったのか、あるいは後から加筆されたのかそれは不明である。

　もし、多型性の１から３が、写本の中でそれぞれ違う時期にそれぞれ偶然起こったのであれば、つまり、その書き損じが全く独立して発生したのであれば、多型性が２ケースずつ３箇所にあるから、すべての順列組み合わせを考えると、２通りかける２通りかける２通りで、

8パターンの写本が存在することになる。

ところが、ここに時間の軸を考慮するとそうはならない。

写本から写本への書き間違いはある特別な箇所にごくごく稀に発生する。つまりその箇所の変異は歴史上、ただ一回だけ生じたと考えうる。そして一度生じた書き間違いは、その写本を元にしたそれ以降の写本全部にそのまま伝えられる。そしてその系譜に連なる写本群の中のひとつに、また次の、新しい書き間違いが稀に生じると、それは最初の書き間違いの系譜から分岐して、そこから先の写本に最初の間違いと必ず並存して保存されることになる。

つまりある多型性と別の多型性とは必ずペアになっていて、決してランダムに誤りが発生するわけではない。すなわち分岐した二つの系譜の下流で、全く同じ書き間違いが発生することはありえない。それゆえすべての順列組み合わせの数だけ多型性のパターンが存在することにはならない。限られた組み合わせの多型性パターンのみが、写本の歴史に沿って現れる。そして、限られたパターンに注目して写本を分類すると、多型性が発生した時間的な順序を推定することができることになる。

現存する数多くの写本を調査した結果、写本のパターンは8通りではなく、実際には次の4通りしか発見されなかったとしよう。それを、多型性1（C or T）- 多型性2（A or G）-

多型性3（＋or－）の組み合わせで示す。

C－G－（＋）▼写本パターンI
T－G－（＋）▼写本パターンII
T－A－（＋）▼写本パターンIII
T－A－（－）▼写本パターンIV

この例の場合、まずある時期、古文書（パターンI）に多型性1の書き間違いが生じた。「C」と書かれていたものが誤って「T」と書き換わり、訂正されないまま後代に伝わった（パターンII）。「T」だったものが「C」と書き損じられたのではない。その証拠は、「T」の系譜の下流のみに、別の変異が蓄積されているからである。

しばらくしてから多型性1「T」の写本の系譜の中に、多型性2の箇所が「G」から「A」と書き換わったまま伝わった写本が現れた（パターンIII）。そしてさらに時間が経過してから、この系譜の中に、新たな変異が加わった。すなわち多型性3の箇所の数文字が脱落するケースが生まれた（パターンIV）。複数の写本を比べたとき、変異がたくさんあればあるほ

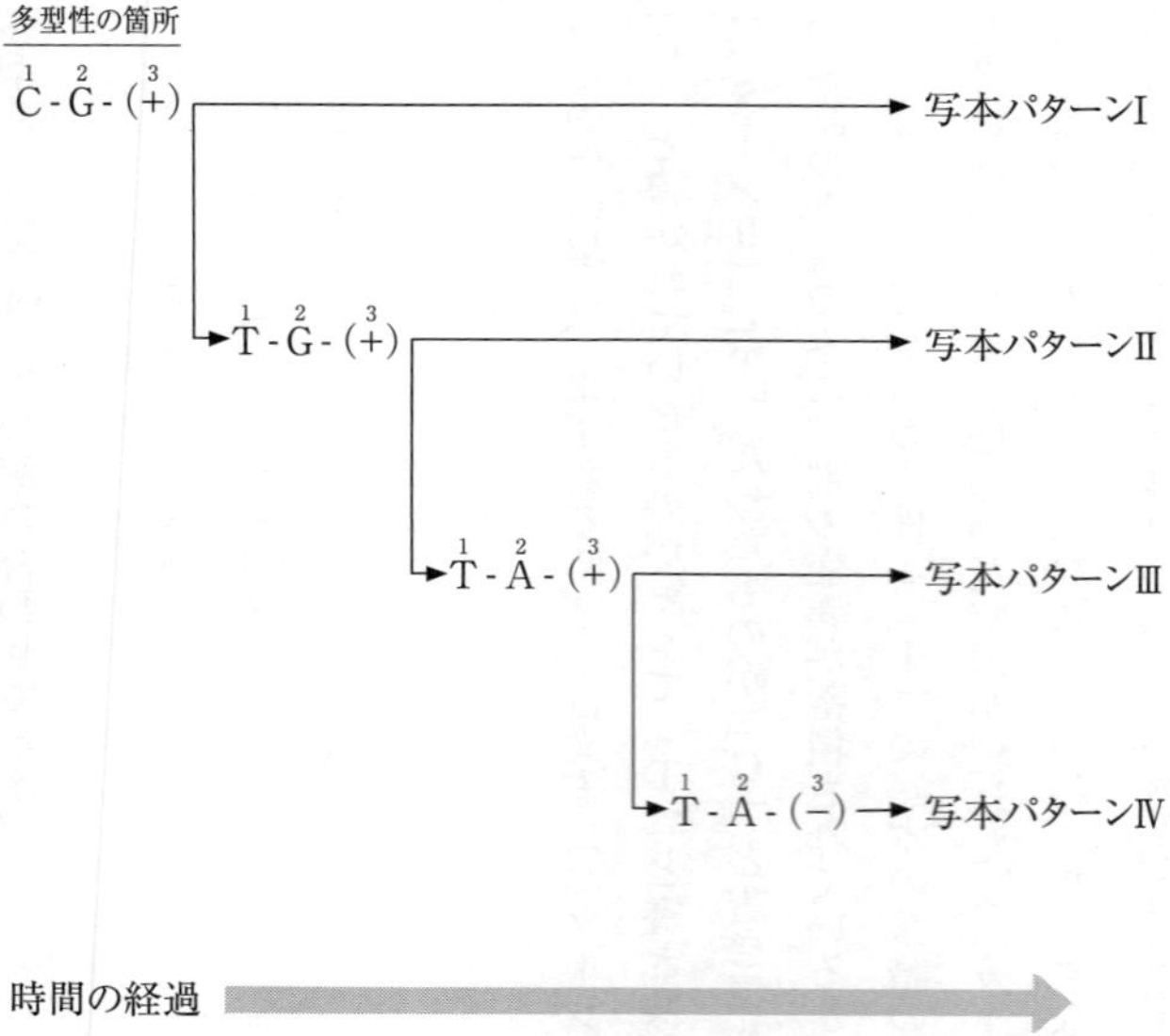

多型性の箇所

$\overset{1}{\text{C}}-\overset{2}{\text{G}}-(\overset{3}{+})$ ─────────────────────→ 写本パターンⅠ

　└→ $\overset{1}{\text{T}}-\overset{2}{\text{G}}-(\overset{3}{+})$ ─────────────────→ 写本パターンⅡ

　　　　└→ $\overset{1}{\text{T}}-\overset{2}{\text{A}}-(\overset{3}{+})$ ─────────→ 写本パターンⅢ

　　　　　　　└→ $\overset{1}{\text{T}}-\overset{2}{\text{A}}-(\overset{3}{-})$ → 写本パターンⅣ

時間の経過 ━━━━━━━━━━━━━━━▶

　最初の写本パターンⅠに時間の経過とともに変異が順に蓄積して、写本パターンⅡ、Ⅲ、Ⅳができたものと推察できる。変異はごく稀にしか起こらないので、新しい写本は、もとの写本より圧倒的に存在量は少ない。このことも出現順推定に手がかりを与える。

どそれは時間の経過にしたがって書き間違いが蓄積されたものであることの証拠となり、より後になって出現したものだと考えることができる。

女性と男性のルーツ

私がここで写本といっているのは、男が運ぶY染色体のことである。一度に数億個放出される精子のうち半数にY染色体の写本が含まれる。その精子のひとつが幸運にも一番最初に卵子に飛び込んだとき、その受精卵は男として発生の道を歩む。やがて男は成熟し、Y染色体の写本を繰り返して再びたくさんの精子を作り出す。Y染色体の複製は厳密に行われる。DNAの優れた校正・修復機能がその変異をできるだけ取り除こうとする。

しかしごく稀に異同は生じ、校正の目をすり抜ける。生じた異同、すなわち多型性はY染色体上の刻印として、父から息子へと引き継がれ、またその息子へと手渡される。

ある日、男はどこかへ旅立つかもしれない。安住の地を追われて荒野をさまようこともあるだろう。戦いに敗れ、辺境の島にたどり着いたかもしれない。その都度、刻印をとどめたY染色体の写本は、男の旅路と軌を同じくして運ばれ、運ばれた先で写本が繰り返された。

かくして現在存在するY染色体の多型性の由来をたどると、男の系統とその移動を再現することができる。写本に生じる多型性の出現頻度から、それがどの程度のタイムスパンで起こったことなのかを計算することができるようにもなった。つまり何千年あるいは何万年前にその写本の分岐が成立したのか、誤差を含むものの、おおよその推計が可能となった。

２００２年、世界中の男たちから集められた多数のY染色体間の多型性解析の結果が集大成されるに至った。そして極めて興味深い、男たちの旅路が浮かび上がってきた。一方、Y染色体の系譜は、残念ながら女の旅路については何も語ることができない。ある特定のY染色体を運ぶ精子を受け取ったのは、男たちと一緒に移動していた女であったかもしれない。旅先で偶然出会った女だったこともあったはずだ。あるいは戦いの末、別の男たちから奪った女であったかもしれない。

女たちの旅路は、卵子から卵子へ、つまり母系でのみ受け継がれるミトコンドリアDNAの刻印を解析することによって得ることができる。基本的な論理は上に述べたY染色体の多型性と同じである。長いストーリーをあえて短くして結論だけいえば、ミトコンドリアDNAの解析は、'80年代の終わりになって、ひとつの極めて鮮やかな事実を明らかにした。現在地球上に存在するすべての女性のルーツは、十数万年前、アフリカで生まれた一人の女性であることを明らかにした。

　驚くべきことに、Ｙ染色体の多型解析もまたほとんど同じ事実をあぶりだした。現在地球上に存在するすべての男性のルーツは、十数万年前、アフリカで生まれた一人の男性に由来する、と。

　ここで注意しなければならないことは、この男と女がアダムとイブであり、その二人の子どもが我々全ての祖先であることにはならない、ということである。ミトコンドリアによる母系の解析とＹ染色体による男系の解析は、同じ頃、同じ場所に収斂《しゅうれん》するものの、それぞれは独立したデータであって、両者の関係については何も決定的なことを示すことはできない。

　そして当時、世界にたった二人の人間しかいなかったわけでもない。もちろん人口は今よりずっと少なかったはずだ。が、すでに現生人類の祖先たちはいくつもの集団を形成して、離散していろいろな場所に生活していただろう。多型性はその時点ですでに女性のミトコンドリアと男性のＹ染色体の中に複数パターン存在していたはずである。

　しかし、その後、そのうちのほとんどの系譜は何らかの理由で途絶え、現存していない。

　そして、女性の集団からひとつ、男性の集団からもひとつ、ある系統だけが生き残り、そのひとつずつの系統から現在の私たちすべての写本、つまり遺伝子が派生した。言いうることはそれだけである。

しかしここであえてデータから述べうる範囲を少しだけ広げて、ミトコンドリアのイブとY染色体のアダムは、同じ頃、同じ集団内に共存していた現生人類の女と男の出発点であったと考えることは可能だ。そしてその集団は家族・親族を中心とした限られた人数のコロニーだったであろうと想定することも許されるだろう。その規模はおそらく数十人程度だったのではないだろうか。

アフリカのどこかある洞窟の近く。安全が確保でき、新鮮な水へのアクセスがよい場所。食料の収穫にも便利な森の近く。そのコロニーでは、同じ写本が共有されていた。彼ら彼女らはうまく環境に適応し、その人口を徐々に拡大していった。ここから派生した系譜A、その後しばらくしてもう一度別の写本として派生した系譜Bの子孫たちはいずれもアフリカに留まることになった。それが現在のアフリカ人となる。

Y染色体の旅路（ハマーおよびクリス・タイラー・スミスらの研究による）

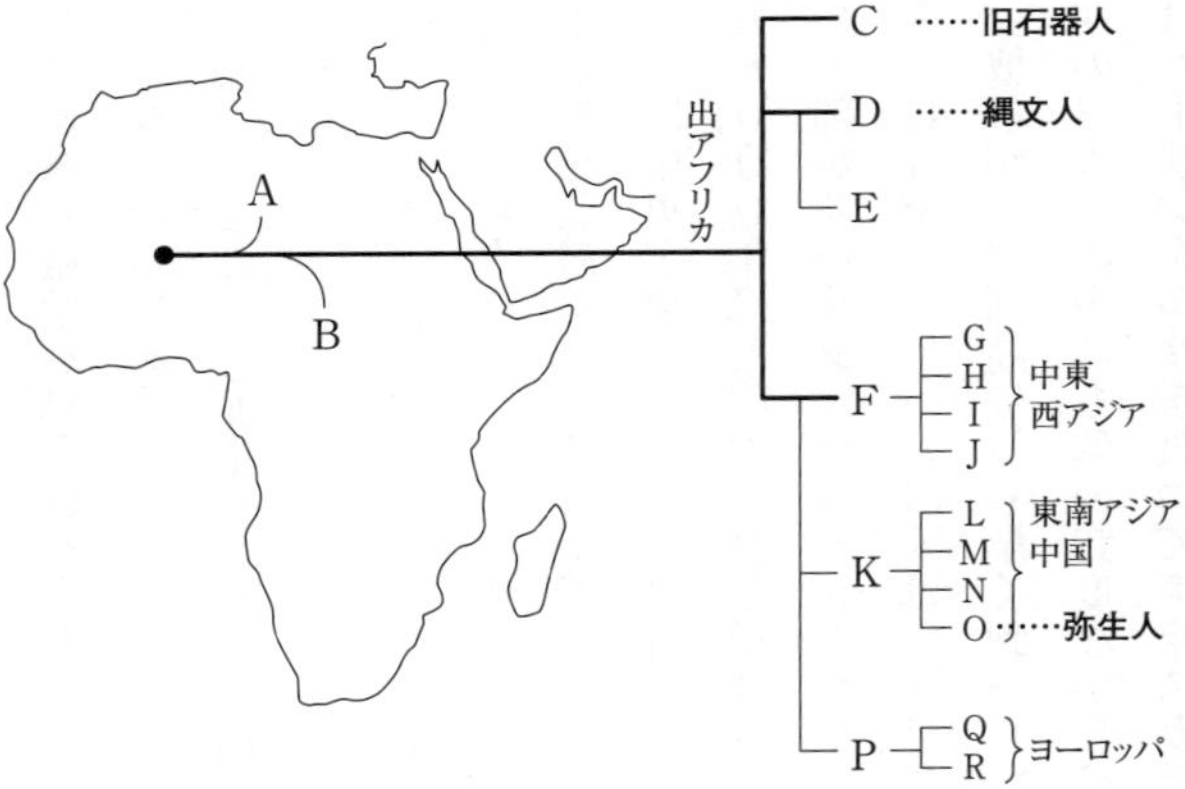

出アフリカ――写本の世界地図

ここから先は、Y染色体多型解析がもたらした世界地図の話となる。したがって主語も男性の複数形を取ることになる。彼らの子孫たちは、その後、出アフリカを果たした。そして三つの大きな写本の系譜に分岐された（C、D、F）。

このうち第一の系統（C）はおそらく現在のソマリア、いわゆる〝アフリカ大陸の角〟沿いにアフリカを脱出し、アラビア半島を経て、インドに到達した。しかしC系統の人々はここを通過しただけで定住することはなかった。

なぜこのようなことを推定できるのかといえば、現在、インドに棲む人々のY染色体にはわずかにC系の祖型が見られるものの、Cから派生した数多くの写本の系譜がこの土地には見出されないからである。C系統はその後、インドネシア、パプアニューギニア、オセアニアに展開し、ここから派生した数多くの写本がこの地区に見出される（C2系）。C系繁栄の地である。

一方、C系の一部は分派してインドシナ半島からアジア大陸を北上し、バイカル湖付近にまで達した。現在のシベリア、東北アジアのトゥングース、モンゴルの人々のY染色体にC系譜の流れを色濃く見ることができる（C3型）。

C3型は中央・東・東南アジア各地にも広がった。C系統の分岐が起こったのはいまから約2万8000年ほど前のことと推計される。旧石器時代だ。おそらくシベリアに達したC3型の一部がサハリン、カムチャツカ半島を経て日本列島に入ってきたと考えられる。

一方、C3型の日本への流入は朝鮮半島を経た南回りのルートもあったのだろう。旧石器時代、彼らが日本列島に最も早く到達した男たちだった。

現在の日本人の中にも低い頻度ながらC3型のY染色体を見出すことができる。C3型の一部はベーリング海峡を渡ってアラスカからアメリカ大陸にまで旅をした。その男たちはアメリカ先住民となった。

もうひとつ、アフリカ脱出を目指した男の旅団にD系がある。D系からはほどなくE系が分岐した。Eはアフリカに留まったものとヨーロッパ南部へ渡ってそこに定住したものがいる。それよりも遠くの地域にE系はいない。それに対してD系は極めて特徴的な旅路をとった。

アフリカを出たD系の男たちは途中立ち止まることなくひたすら東を目指した。そしてインドシナ半島に達したあと北上して一部はモンゴルへ、別の一部はチベットへ、そして最後の一団は朝鮮半島からおそらく日本の南部へと到達した。日本に来たD系の子孫はD２型と呼ばれ、ここに安住の地を見出し繁栄を開始した。D２型は日本固有のタイプである。

現在の日本人のY染色体として最も高い頻度で見つかるのがこのD２型である。D２型はどの地域の男にも高頻度で見られる。崎谷満による詳細な調査によれば、特にD２を色濃く保存する集団は、アイヌ、東北、日本海、そして沖縄に住む男たちである（『DNAでたどる日本人10万年の旅』昭和堂）。アイヌはその男のうち実に88％がD２型Y染色体の持ち主である。年代の推定によれば、D２型は日本における縄文時代の主要なメンバーであったことがわかる。このD２型が、この日本列島に文化と言語の固有性を与えた最も可能性の高いヒト集団であることは間違いない。

アフリカから出た三つの集団のうち最後に分類されるのがF系である。F系はその後、世界各地に散らばり、最もたくさんの分派（写本の系譜）を生み出した。F系の子孫、G、H、I、Jの系譜は主に、中東と西アジアに展開した。F系から由来した大きな分岐Kからさらに別の系譜が派生した。それはL、M、N、Oに分類される人々であり、東南アジア、中国に広がった。もう一つの分岐P系はRとQの写本を生み出した。RとQは現在の西欧人、つまりヨーロッパの人々となる。

日本列島のY

煩雑さを避けるため、K系の末裔のうち日本列島にまで達したO系の人々の軌跡についてのみ触れておきたい。アジアに展開したO系の男たちはすこしずつ分派していった。O1型とよばれる男たちは台湾（先住民地域）、フィリピン、ジャワなどに住み着いた。O2b型に分類されるY染色体は、朝鮮半島で極めて高い頻度で見出され、日本でも南琉球、八重山諸島で高頻度に見出される。東京など日本列島の諸地域でも中程度の頻度で見られる。この型に極めて近いＯ３型に分類されるＹ染色体は、漢民族、チベット、満州、モンゴル、朝鮮半島などに多く見られる。特に漢民族では三分の二を占める。

日本におけるＯ３型は、十数％から20％の率で全般に見られる。しかしアイヌの中にはＯ２ｂ、Ｏ３ともにＯ系のＹ染色体は全く見出されていない。Ｏ２ｂ型が分岐したのは３３００年前、移動を開始したのが２８００年前頃と推定されている。Ｏ２ｂ型の人々こそが弥生時代、稲作と金属器を持って日本列島に入ってきた渡来系弥生人であると考えられている。

Ｙ染色体から見ても、日本人は全くといっていいほど〝単一民族〟ではない。出アフリカを果たした三つの系統が流れ流れて様々に分岐したあと、もう一度落ち合った特別な場所として日本列島が現れる。大まかにいってＣ３型が旧石器人、Ｄ２型が縄文人、Ｏ２ｂ型が弥生人、Ｏ３型が大陸人といえる。そして各地域で頻度の差がある。アイヌにはＤ２型が、八重山諸島にはＯ２ｂ型が多い。東京はすべての型の混成だ。意外なことにアイヌの中にも多型性が混在している。日本列島こそが〝人種〟のるつぼなのだ。

「お世継ぎ」の価値

あるところに大王を仰ぐ国家があった。伝説によれば約２７００年前、大王の始祖が諸部族を平定し、この国を開いた。以降、大王の皇統は厳密に世襲され、一貫して男子によって引き継がれ、百代《はくたい》をはるかに超えて現在に至る。大王の亡きあと皇女が女帝として王位を継ぐことも稀にあった。が、それは後継争いの混乱を避けるなどあくまで一時的な緊急措置であり、まもなく王の血を引く男子が適切な年齢に達すると皇統は男系に戻った。

ところがここへ来て、ある深刻な危惧が浮かび上がってきた。お世継ぎ問題である。現在の大王には二人の皇子がおり、長男が王位継承順位第1位である。長男には子どもが一人いるがそれは女児であり、次男の子も女児のみだった。大王の一家にはここ40年にわたって男児が生まれていない。２７００年にわたって一度も途切れたことのない伝統、男子のみによって皇統を維持するという伝統が危機に瀕しているのだった。

民草はたちまちかしましく議論を始めた。あるものは女性の王位を認めるべきだ、それが時代の流れだと主張した。ところが別の論者は厳《おごそ》かに、それは決して許されるべきことではないと一刀両断した。もし女性の大王が皇統の外から婿を迎え入れれば、それは尊い伝統が失われる瞬間となる。なんとなれば、皇統が男系によって永遠に維持してきたもの、それが何かと問わなければならない。その本質は実に、今を去ること２７００年前、この国を創りたもうた大王の始祖のＹ染色体に他ならない。始祖のＹ染色体に記された刻印こそ我らの男子皇統によって守るべきものなのである。

もし女性が大王位を継ぎ、そこへ外部から男がやってくれば？

連綿と護持してきた大王の刻印をもつＹ染色体はそこで途絶え、代わりにその男がもたらした文字通りどこの馬の骨とも分からぬＹ染色体に皇統が乗っ取られてしまうことになる。それは断じて避けなければならないことである。

むろん上代《じょうだい》の人々は、この尊きＹ染色体の存在など知りうるはずもなかった。しかし伝統とは本来そのようなものである。私たちのたましいは知らず知らずのうちに最も大切なものを守り通してきたのだ。

その言やよし。もし仮に、皇統がほんとうにただの１回の例外もなく父から息子へと垂直の男系によってのみ受け継がれてきたのであれば、確かに現在の大王は、２７００年前の始祖のＹ染色体を保持していることになる。これは生物学的な事実だ。しかし始祖のＹ染色体は、大王位の正統性を証明する、高貴な、ナノスケールの神器足りえるだろうか。生物学的事実は、それが万難を排して守り通されるべき最も稀少で大切なものであるとする文化的価値まで担保してくれはしない。

チンギス・ハーンの痕跡

２００３年、「アメリカ人類遺伝学雑誌」という専門誌に優れて興味深い論文が発表された。オックスフォード大の生化学者クリス・タイラー・スミス率いる23人からなる研究チームは、アジア16地域から採集した２１２３人の男性のＹ染色体多型性を解析し分類を進めた。サンプルのうち92％は雑多な多型性だった。つまり彼らは出アフリカを果たした様々な男たちを祖先とする混成集団だった。ところが、残りの８％の男性はほとんど同じ多型性を共有していたのだ。それはＣ３を源とする系譜に連なるたったひとつの写本だった。

しかしこの８％の男たちは同一の民族でもなく、同一の地域に集まって暮らしているわけでもなかった。男たちは広く、中国東北部からモンゴル、果てはウズベキスタン、中央アジアはアフガニスタンに至るまで極めて広大な地域に分散して存在していたのだ。これらの地域の母集団の男性数はおよそ2億人である。そのうち8％に上る1600万人が同一にして単一の男系祖先を持ちうることなどありうるのだろうか。

それがありえたのである。同一の写本＝Y染色体を共有する8％の中身を詳しく調べると、その写本から派生した、さらにわずかな文字の書き間違いが何個か見出された。同一の写本内にその程度の異同が発生するに足る時間が推算された。今からおよそ1000年前（前後に約100年の誤差を含む）。今から1000年ほど前アジアはいかなる状況にあったか。

＊　＊　＊

1162年ごろ、チンギス・ハーンはモンゴルの有力な一族に生まれた。絶え間なく繰り返される部族間戦争の中にあって、彼は敵味方を分かつ巧みな同盟によって勢力を広げ、ついに1206年には全モンゴルの支配者となった。このあとハーンはあくなき世界制覇の野望を持って征服に乗り出した。彼の率いる軍隊は極めて機動力よく組織化され十分な訓練を積んでいた。もともとモンゴルの草原で馬と弓を自在にあやつっていた民族である。たちまち強大な軍事力が完成することとなる。

まず彼の軍隊は中国に攻め入り金王朝を撃破して征服した。ついで西進し、カザフスタン、アフガニスタン、イランの一部を支配下に収めた。1227年、チンギス・ハーンは没するが、帝国は彼の4人の息子に分割され、息子たちは父の遺志を受け継いで征服を進めた。韓国、チベットが帝国の領土となり、孫のフビライ・ハーン、バトゥ・ハーンの代になると中国全土、そしてヨーロッパへの進攻が開始された。ウクライナ、ハンガリー、ポーランドと軍を進め、アドリア海にまで達した。西側ではバグダッドを攻略しチグリス川にまで版図《はんと》を広げた。この頃、モンゴル帝国は絶頂期を迎えた。世界史上最も広大な領土を有する帝国となった。

打ち負かした国々での略奪行為は凄惨を極めた。歴史家のジョージ・ベルナドスキーによれば、チンギス・ハーンはどの階級の戦士たちにも平等な略奪権を与えたという。ただ一つの例外を除いては。美女はすべてチンギス・ハーンに献上しなければならない。ハーンの主治医は、時には一人で寝たほうがいい、と忠告したという。

かくしてチンギス・ハーンのC3タイプY染色体は数え切れないほど多く蒔《ま》かれたのである。数多くの子孫たちはまた各地に散開し、より多くの種を蒔き、それが何世代も繰り返された。その結果、あらゆる場所の、あらゆる階層にハーンの刻印があまねく広まることになった。

もちろん、チンギス・ハーン自身のY染色体を現在、手に入れて調べるすべはないから（チンギス・ハーンの墓がどこかはいまだに謎である）、厳密に言えば、アジアの1600万人に共有されているY染色体が、ハーンに由来するものだと100％断定はできない。

しかし、このY染色体が出現した時期とその分布がモンゴル帝国の勃興と領土とにぴたりと一致し、帝国の境界線を越えた地域ではほとんど見つからないことは、これがまぎれもなくハーンのY染色体であることを示唆するものである。

唯一の偉業

チンギス・ハーンの物語から言えることは何か。

それは、権力者のY染色体は全く稀少なものではないということである。むしろその権力が文字通り思うままに行使されたのであれば、そしてそれが何世代にもわたってずっと繰り返されてきたのであれば、権力者のY染色体はもっともありふれたY染色体となりうる。チンギス・ハーンのC3Y染色体はそう語っているのだ。

そして、Y染色体の継承にのみ着目してハーンの血筋を追おうとすれば、あるいはそれをもってハーン家皇統の正統性を主張しようとすれば、それはむしろハーン一族の血統と、いまや1600万人にまで広がった一般庶民との区別をあいまいにする行為となる。Y染色体が神器なら、1600万人の誰もがハーンの皇位継承者を主張できるのだから。

ではハーンのY染色体が成し遂げたことは何だろうか。あくなき拡大？　それはおそらく違う。Y染色体の写本の数が増えたこと自体が成果ではない。Y染色体自身には、SRY遺伝子をコードすること以外に大きな意味がない。

繰り返し述べてきたように、男の本質は「使い走り」である。Y染色体は、ナノスケールの神器ではなく、ナノスケールの屋号である。いわば飛脚の印だ。

重要なのはY染色体が彼と共に運んだものである。ヒトは23対、計46本の染色体を持つ。そのうちの小さな1本がY染色体。ハーンの末裔《まつえい》1600万人は同じY染色体を1本持っている。それでは、彼ら一人ひとりの残り45本の染色体は？　それがハーンのY染色体が運んだ積荷である。積荷は常に入れ替わり続けた。

今や、Yを共有する1600万人のうち、二人として同じ組み合わせ、同一配列の45本を共有する者はいない。言葉のほんとうの意味において千差万別である。異なる地域に住み、異なる言葉を使い、異なる習俗を生き、異なる神を信じる。そしてまさにハーンのＹ染色体が行い続けたことはそれなのだ。染色体を半分にわけ、それを別の場所に運び、もう半数に混合《シャフリング》して合体すること。それを再び二つにわけ、別の場所へ運ぶこと。大いなる混合と変化。その間、確かにＹは変わらなかった。しかし周りの光景はありえないまでにいれかわっていた。

それはＹ染色体ができる唯一の営みだったのである。かつてアフリカを出発し、アジアを横断し、あるときはチンギス・ハーンとその夥《おびただ》しい数の末裔となって各所へ散り、またある時は日本列島に集まり、さらにははるか遠くベーリング海峡を越えていった男たちがなした最大の偉業。それはモンゴル帝国の完成でもなければ、万世一系の皇統維持でもない。母の遺伝子を別の娘のもとに運び、混ぜ合わせることだったのである。

第十章　ハーバードの星

秋のボストン

秋のボストンを再訪した。ニューヨークで研究生活を送っていた私は、そのあと所属研究室の引越しとともにボストンへ移った。もう20年近くも前のことである。高緯度に位置するこの街の空気はいつも澄んでいる。そしてそれはここを訪れる人々をいつもいくぶん孤独な気分にした。ニューヨークの喧騒の中からやってきた私には特別そう思われた。

私はかつて自分が日々通っていた場所にいってみた。ハーバード大学医学部が位置するロングウッド地区。日曜日の朝のせいか人影はまばらだった。当時、空き地や駐車場だった場所に、ガラス張りの新しい研究棟が立ち上がっていた。しかしあたりのたたずまいはほとんど変わっていない。医学部に関連する小児病院、ベス・イスラエル病院、ブリガム・ウイメンズ病院などのいかめしい大きなビル群。エンダース研究棟やダナ・ファーバー・ガン研究所。それらをつなぐ、ファスト・フードの店舗が入ったありきたりなモール。

どれも私の遠い記憶のとおりだった。すこしのあいだ私はひとりでこの場所にたたずみ、あたりを眺めていた。そしてかつてここにいた人々のことを思い出してみた。

＊　＊　＊

ハーバード大学の本部やマサチューセッツ工科大学は、ボストン市内からチャールズ川を渡った対岸、ケンブリッジ市にある。ボストン市ロングウッド地区をあとにして地下鉄を乗り継ぎ、レッドラインのハーバード駅でおりた。人々でにぎわうロータリーを横切って、ハーバード大学のキャンパスへと続くくぐり戸を抜ける。すると昔と同じひんやりとした空気を感じた。芝生とそれを斜めに走る小径。カエデやすずかけの巨木。高い空を突く白い教会の尖塔《せんとう》。時折視界の端を通り過ぎるリス。昔と同じ、焦燥とも寂寥《せきりよう》とも呼べるような、よるべのない感覚の記憶がよみがえった。

ハーバード・ヤードから一本道を隔てたところにフォッグ美術館がある。ハーバード大学に付属する古い美術館の一つだ。時間ができると散歩がてらよくここへ来た。美術館はたいてい人影もまばらで静かだった。今回、久しぶりにこの美術館を訪問したのは、ここで見ておきたいものがあったからだ。古い記憶の再生と新しい事実の確認。

前者は、クリムトが描いた梨の果樹園の絵である。緑の点描の中に鮮やかな黄色い梨が見渡すかぎり散らばっている。情念的な人物像や装飾を排した、さりげないこの風景画は、いつも何かしらの慰めをもたらしてくれた。そして今もまた絵は変わらずにそこにあった。ちょうど美術館の外は午後のおそい光が傾きだした頃だった。果樹園はその鈍い午陽に照らされていた。

もうひとつの作品は、'90年代のはじめ、私がここに暮らしている頃にはまだ所蔵されていなかったものである。現代女流美術作家キキ・スミスの「ピー・ボディ」。黄色いワックスで造形された女性がうつむいてしゃがんでいる。なんと彼女はその場所で排尿《ピー》しているのだ。黄色いガラスビーズの鎖で作られた尿の流路が幾筋にも分かれて彼女の後ろへと流れ出している。

ピー・ボディ。この奇妙で風変わりな作品の意味と価値について、ずっと以前から気づいていた人物について語ってみたい。

羨望の女性

話はもう一度、本書の冒頭で記したコロラド州カッパーマウンテンに戻る。冬は一大スキー・リゾートとなるこの場所で、1988年の夏に開催されたアメリカ実験生物学会。アメリカに就職先を見つけた私はたまたまこの会議に参加する機会を得た。そして研究の最前線でしのぎを削る人々を目の当たりにして私は大きな衝撃をうけたのだった。

ここでマサチューセッツ工科大の若き研究者デイビッド・ペイジは、今まさにY染色体の森の中に隠された聖杯の発見を宣言しようとしていた。その宣言の帰趨《きすう》はこれまでに述べたとおりである。

見果てぬ夢、そしてそれを求める者たちの切実さという点でこのミーティングは歴史的だった。

イギリスの研究者は、嚢胞性線維症《システィック・フィブローシス》（CF）の原因遺伝子にあと一歩のところまで迫っていることを報告した。この病気は西欧人の子供に多い遺伝病で、汗をうまく作り出すことができなくなる。その遺伝子は、第7染色体に存在していることがわかっていた。目で見ることのできないその極点に一番乗りを目指して、各国のチームがデッドヒートをくりひろげていた。患者を支援する巨大な非営利団体CF財団があり、そこが勝者に巨額の懸賞金を懸けていた。CF遺伝子の発見レースだけでもドラマが一本書けてしまうはずだ。

そしてまた別の研究者は、遺伝子のスイッチがオンになる仕組みを解き明かす鍵を発見したと宣言した。ここに居合わせた誰もが、来るべき遺伝子の新時代の幕開けに立ち会っている気がした。

この場所にいながら、発表すべきものを何も持ち合わせていない私は、次々と登壇する研究者たちの華々しいプレゼンテーションにただただ圧倒されつづけていた。

＊　＊　＊

ヴィジャク・マダービ。ペイジと同じくボストンからやってきた彼女もまた新たな戦いに勝ち名乗りを挙げた若き宣誓者の一人だった。居並ぶ発表者の中にあって、彼女はひときわ異彩を放っていた。細い眉に熱を帯びた大きく鋭い目。アングロ・サクソンとは違う、薄い赤土色の肌。小柄ながらエネルギーに満ちた身体。自信に溢れた語り口。

ヴィジャクは、ハーバード大学医学部に自分の研究室を持っていた。誰もがうらやむポジションだった。世界で最も優れた研究者が集まる場所。１９８８年の夏の時点で、彼女は助教授か准教授になったばかりだったのではなかったか。年の頃にして30代後半。今まさに龍が空へ駆け上らんとするさなかだった。

彼女の研究対象は心臓だった。医学部にあってどの臓器を選ぶかは機微な賭けでもある。メジャーな臓器を選ぶということはそれだけメジャーな病気を選ぶということであり、マイナーな臓器を選ぶということはそれだけマイナーな病気を選ぶということである。

もし後者を選択すれば明らかによいことがひとつある。それはマイナーな分、研究者人口が少なく、それだけ競争が激しくないということだ。そして明らかによくないことがある。マイナーな分、パイのサイズが小さい。つまり、研究費を供給してくれるあてが少なく、なによりも成功したときの賞賛が小さい。

もし前者を選択すれば全ては逆になる。メジャーな分、パイのサイズが大きい。患者数が多く、その分、社会的重要度が高い。より多くの研究予算、財団、患者団体がある。ニュースバリューが大きく、メディアの注目度も高い。つまり、なによりも成功したときの賞賛が大きい。そのかわり研究者人口が非常に多く、激烈な先陣争いがあり、ライバルとのつばぜり合いがあり、様々な暗闘がある。

ヴィジャクは迷わずメジャーを選んだのだ。彼女が目指しているもの、彼女が求めているものは明らかすぎるほど明らかだった。

医学研究者はふつう、冒頭で、自分の専門とする病気の患者数が極めて多いこと、あるいは最近とみに増加傾向にあることを憂えてみせるところから研究発表を開始する。虚血性心疾患の患者数は過去数十年にわたって一貫して増加傾向にあり、依然として人類の死因トップ3に入っています。さて……、という具合に。そのとき実に彼ら・彼女らはある種の高揚状態にあるのだ。自分たちの市場《マーケット》が右肩上がりに拡大していること。それはとりもなおさず自分たちのパワーの源泉が拡大していることに他ならないから。

ヴィジャクはその中でも特に注目度の高い課題を選んだ。心臓は高血圧に晒《さら》されると肥大する。肥大したとき心臓では一体何が起きているのか。それを遺伝子レベルで明らかにすること。すでに彼女は華々しいスタートダッシュを開始していた。だからこそ、このミーティングに招待講演者として選ばれているのだ。

ちょうど同じ時期に、ヴィジャクの論文が科学雑誌「ネイチャー」を飾っていた。論文の公開とともに発表講演を行う。彼女は自分が思い描いたとおりの華麗な舞台でステップを踏んだのだ。

ヴィジャクの発見は、肥大した心臓で発現が上昇しているミオシン・ヘビィ・チェイン遺伝子という心筋特有のタンパク質遺伝子がどのようなメカニズムでスイッチ・オンになっているかを初めて示したものだった。そこには甲状腺が放出するサイロイドホルモンという特殊な伝達物質が絡んでいた。サイロイドホルモンはそのレセプターに結合する。ホルモンを結合したレセプターは細胞内を横切って、核内に入る。そこでゲノムの森を彷徨《ほうこう》し、ついにはミオシン・ヘビィ・チェイン遺伝子の上流の特殊な配列を認識してその場所に接地する。これが開始信号となって遺伝子が活性化されるのだ。

彼女はこの分子プロセスを詳細に明らかにしただけではなく、サイロイドホルモンのレセプターには二つの種類があること、それらはもともと唯一つの遺伝子から作られるが、その途中で別々の編集作業を経ること、それはオルタナティブ・スプライシングという、当時、分子生物学者たちが注目していた非常に特殊な方法で生成されること、そしてなによりも大きな発見だったのは、2種類作られるレセプターのうち、一方は遺伝子のスイッチをオンにするが、他方はオフにするという知見だった。分子のレベルで、アクセルとブレーキが存在するのだ。

遺伝子スイッチの素過程に関して、ここまで詳細かつ整然と、実験データと理論が合致したことに皆が驚き、賞賛した。ヴィジャクはミーティングの注目の的だった。誰もが彼女のやり手ぶりを噂した。

彼女の人使いの荒さはハーバードではすでに有名な話のようだった。ボストンからミーテイングに参加したポスドク（博士研究員）が教えてくれた。

「成果を求めて、手下の研究者をボロ雑巾のようにこきつかうのさ。遺伝子のスイッチのオン・オフの実験は手間がかかる。細胞を異なる条件で培養する。そこからRNAを抽出する。それを電気泳動にかける。ここまででも優に1週間はかかるだろ。この間、ヴィジャクは、データはまだか、データはまだかって四六時中要求するんだ。あの実験はどうなってる？って。なぜもっと早くできないんだって。こっちだって必死にやってるんだ。次はノザン解析。アイソトープでラベルしたプローブを作ってフィルタと混ぜて一晩待つ。それから洗浄だ。これも時間がかかる。フィルタとX線フィルムをあわせて感光させる。ここでも2日か3日。最後は、X線フィルムの現像だ。そこに結果が表れるわけだから、一番、緊張する瞬間だよ。暗室に入って、慎重にX線フィルムを現像する。定着液に漬けて洗う。暗室は暗いから結果がどうなっているのかよくわからない。だから、どきどきしながらまだ水気の残るフィルムを持って暗室の外へでる。するとさ、そこにヴィジャクが待ってんだよ。僕の手からフィルムを奪い取るや否や、必死の形相で結果がうまく出てるかどうか見るんだ。当の実験者の僕がまだちゃんと見ていないのに。全くまいるだろ」

「知っているかい。ヴィジャクはイランの名家の出身だよ。一説では王族に近かったとも。

でも彼女自身はスイスで教育を受けた。おそらくイラン革命で王政が倒される前に家族が国外へ脱出したんじゃないかな。ヴィジャクは自分たちの一族の栄枯盛衰を目の当たりにした。だからこそ彼女はもっと確実なものを求めたんだ。そして、それをもたらしてくれる場所に来て、それをもたらしてくれるものを摑んだんだよ」

分子生物学のパイオニア

ベルナルド・ナダル‐ジナール。彼は、アメリカに渡ってきた外国人研究者として究極の夢を実現した人物である。そして、今や世界でもっとも著名なハーバード大学医学部のスター教授だった。

もともとは、地中海のマジョルカ島できこりの息子として生まれた。幼少の頃から秀才の誉れ高く、バルセロナ大学の医学部に進んだ。時はなおフランコ政権が独裁的にスペインを統治している頃であり、血気盛んな彼は反体制者としてバリケード闘争にも参加した。

その後、'70年代に入って彼はスペインを離れ、メキシコの心臓病研究所に移った。彼はいつでも自信に満ち、自分の信じる道を進んだ。それは時に傲岸《ごうがん》さと映り、敵をはっきりと作った。東部の名門イエール大学で博士号の学位をとり、ニューヨークのアルバート・アインシュタイン医科大学に助教授の職を得た。'70年代後半のことだった。

このとき生命科学は大きなパラダイム・シフトを迎えていた。分子生物学の登場である。正確にいえばそれは分子生物学的な技術《テクニック》の登場だった。新しい方法が生まれたとき、新しい生命観が開かれる。そのテクニックとは、まるで工作をするように遺伝子を切り貼りし、純化し、コピーし、その暗号を読み取る技術である。これが秘儀的なものから急速に汎用《はんよう》性のある方法になったのがこのときだった。

これは一種の産業革命のようなものだった。手作業で進められていた織物が、一気に機械化の可能性にさらされるようなものだった。ある細胞が特別な形態をとるとき、あるいは何らかの変化を遂げるとき、それまでなら顕微鏡写真でその様子が捉えられればよかったが、今はもうそれだけでは十分でない。ある細胞が特別な形態をとるとき、あるいは何らかの変化を遂げるとき、細胞の内部でスイッチがオンされている遺伝子を特定することが可能となった。そして、その特定が遺伝子レベルで行われない限り科学とはいえなくなったのだ。遺伝子の言葉で説明されない限り、ロジックとは認められなくなったのだ。

だからここで成功するためにしなければならないことは明々白々だった。適切な遺伝子工学技術を自分の分野の研究にいち早く取り入れる。そして、それまで誰も実現しえなかった解像度で生命現象を解析する。その一大レースの号砲が鳴り響いていた。ナダル‐ジナールの分野、すなわち心臓研究における最大の謎は、心臓の細胞がどのようにして心臓の細胞となりえるか、ということだった。

心臓の細胞は生後2年ほどたつと、分裂することを停止する。だからその後、もし心筋梗塞などによる酸素不足で心臓の細胞が死ぬと、細胞は二度と再生されないことになる。細胞の分化と分裂の停止。そのメカニズムの解明が積年の課題だった。これが遺伝子の言葉で鋭利に説明できればどんなにすばらしいだろうか。

一方、細胞がもはや分裂して増殖しないゆえに心臓は決してがんになることがない。なぜならがんとは細胞分裂が制御できなくなる病気だから。

彼は、胎児期に心臓が形成される際、どの遺伝子がどのようにスイッチ・オンされるのかを調べた。そして心臓特有の筋肉タンパク質遺伝子が活性化されるプロセスを明らかにした。心臓の筋肉、すなわち心筋を構成するミオシン・ヘビィ・チェイン遺伝子のセットが染色体上に二つ規則正しくならんでいることを発見した。そしてレチノブラストーマ遺伝子と呼ばれる、細胞分裂を制御する遺伝子が、心臓の細胞に増殖停止を命じているという画期的な仮説を提出した。

つまり彼は、臨床的な心臓研究と最新の分子生物学のあいだに橋を架けることに成功した。医療と基礎研究を繋ぐ成果を見える形で提示すること。これは大学のヒエラルキーを駆け上る上で最も必要なことだった。ナダル-ジナールはそのことに極めてコンシャスだった。そして彼は名実ともにこの分野のパイオニアになったのだ。アルバート・アインシュタイン医科大学の助教授だった彼に用意されたのは最高の椅子だった。ハーバード大学医学部教授。

1993年秋、ナダル-ジナールは人生の絶頂期にあった。51歳。ハーバード大学医学部の教授であり、小児病院の心臓病科の長としてこれを率いていた。大学の博士課程プログラムの委員長など多数の役職を兼任していた。研究面ではハワード・ヒューズ医学財団から指名を受け、潤沢な研究費を支給されていた。これはごく限られたトップクラスの科学者だけの特権だった。彼の巨大な研究室は、医学部キャンパス内の、ひときわ高いエンダース研究棟の高層フロアー二階分を占有していた。世界中から集まったポスドク、大学院生、学生、研究員、技術員など総勢60名を支配下においていた。

研究室の規模は、そのまま研究資金の、そして研究成果の端的な表現形となる。事実、ナダル-ジナール研究室からは重要な発見を報告する論文が次々と発表されていた。その数は優に350を超えていた。血を吐き、骨を削って24時間、7日間、絶え間なく働き続ける研究奴隷たちを常時数十名も抱えていればこれも当然のアウトプットだった。

ゴシップ記事

11月のはじめ、地元の有力紙ボストン・グローブは、街のゴシップを拾うコーナーに小さなコラムを掲載した。

ボストン庶民なら、郊外の緑の芝生の庭に建てられた「売り出し中」の札に眼を留めるかもしれないが、金持ちは違う。

世界的に有名な心臓病医でハーバード大教授、ベルナルド・ナダル‐ジナールは、ボストン中心地のダートマス街にあるビル一棟を購入した。このビルは150年前に建てられた壮麗な建造物で、内部には舞踏室まで備えている。推定160万ドル。彼とその妻、ヴィジャク・マダービは、これを個人邸宅へ全面的に改装する予定。それにはさらに軽くもう100万ドルがかかるだろう。伝えられるところによれば、夫妻は、自らが蒐集《しゅうしゅう》した膨大な現代アートのコレクションを飾る大きな邸宅を必要としていた。

そう。ヴィジャク・マダービは、ハーバードのポジションだけでなく、いつの間にかナダル - ジナールの妻の座までをも射止めていたのだ。二人が出会ったのは、ナダル - ジナールがまだニューヨークにいた頃、研究学会の席上だったという。二人の研究上のパートナーシップが始まったのはそこからのことだ。当時、すでにナダル - ジナールには妻がおり、二人の娘がいた。

ナダル - ジナールは、ニューヨークのアルバート・アインシュタイン大から、ハーバードへ移るとき、ヴィジャクも共同研究者として帯同し、ポジションを与えた。私が、二人を知った'80年代終わりには二人はすでに研究上でも、プライベートでも密接なパートナーとなっていたのだ。後者が、いつごろ、どのようになされたものなのか、その詳細を私は知らない。

夫妻は、ニューヨーク、ロンドン、パリ、マドリッドなどの画廊やオークションに現れ、十分に吟味した上で注意深く作品を購入していった。多くはまだ評価が定まらない発展途上の新進作家の絵画や彫刻であった。それでも個々の作品は決して安いものではない。数百万、時にそれ以上。

ヴィジャクとナダル‐ジナールの所蔵品は、やがて専門家ですらも一目置く重要なコレクションを形成していった。ロス・ブレックナー、レベッカ・ホーン、ジェニー・ホルツァー、ブルース・ナウマン、レイチェル・ホワイトリード、キキ・スミス……。

かつて、ヴィジャクとナダル‐ジナールのコンドミニアムで開かれたパーティに招待された人物はこう言った。建物はブラウン・ストーン。彼らの部屋は広くてしかもメゾネットだ。部屋という部屋、壁という壁に絵が飾ってあったし、奇妙な造形や彫刻も並んでいた。さながら美術館さ。でも一体、どこにあんな金があるんだ。

＊　＊　＊

それには気配も前触れもない。それがいつか訪れるかもしれないことを意識にのぼらせることもない。昨日と同じ今日。今日と同じ明日。時間は矢のように過ぎる。この日常が永遠に続くように思える。そして、ひとたびそれが来るとき、それは一挙に、すべてを伴ってやってくる。

ボストン・グローブにナダル‐ジナールのゴシップが掲載されてから1週間後、同じ新聞は、同じ人物の全く異なるニュースを伝えた。そこには、金持ちに対するやっかみの調子は一片も含まれていなかった。破滅は一挙に、すべてを伴ってやってきた。

第十一章　余剰の起源

かけめぐったニュース

その年（1993年）の11月半ば、アトランタで開催される全米心臓病学会において、ナダル－ジナールは開会を宣言する、名誉ある基調講演《キーノート・アドレス》を行うことになっていた。数千人の研究者が参集したコンベンションセンターの壇上に、しかし彼の姿はなかった。

ニュースは瞬く間にハーバード中を、科学者のコミュニティを、そしてあらゆるところをかけめぐった。ナダル－ジナールを知る人々は口をそろえていった。信じられない。ありえない。あれほどまでの地位と名声を築いた人が、どうしてそんなリスクをおかす必要があるというのだろうか。全く考えられない。しかし同時に、ナダル－ジナールを知る人々は皆思った。それはきっとほんとうかもしれない。

司法当局筋の情報によれば、世界的な心臓研究医ベルナルド・ナダル－ジナールは不正な経理操作の疑いに関し被疑者として取調べを受けていることが判明した。問題となっている金額は400万ドルから500万ドルと見積もられる。

関係者によれば、捜査は、ナダル - ジナールが不正に流用した金を使って現代美術を購入していたかどうかにも及んでいる。

研究者の給与の額を話題にしたり比較するのはあまり行儀がよくないかもしれない。しかしこれを示さないことには事件のスケールを理解してもらえない。

当時、私たちのようなポスドク、つまり研究室に雇われていた実験奴隷の年収は、どんなによくても3万ドル、私はまだ駆け出しだったので2万ドル少々でしかなかった。これは今でもそれほど変わってはいないだろう。私たちポスドクにとってそれは普通のことだった。自分がまだ修業時代にあることもわかっていた。なによりも実験室と狭いアパートを往復するだけの研究漬けの日々にあって、当座の生活が維持できればそれでよかったのである。実際、衣食住で給与のほとんどは消えた。それよりも私たちの関心は研究の成果を挙げることだった。それは競争でもあったけれど同時に喜びでもあり、自らを支える唯一のものでもあった。給与のことは埒外《らちがい》にあった。

当時、たとえば自分のボスであるハーバードの教授がどの程度の年収であるのか、私は正確に知らなかったし、関心も及ばなかった。たぶん自分たちの2、3倍、どんなに多くとも

10万ドルはいっていないだろう。それでもそれはとても高額所得に思えた。あとになって知ったが、基礎研究に携わっている教授たちの年収は事実そのようなものだった。

しかし、大規模な研究チームを率いるだけでなく、医局を統括し実際の医療行為つまり臨床にも携わるナダル‐ジナールのような教授の年収は、当時の私の想像のはるかかなたにあったのだ。当時だけではない。いま現在であっても。

サラリー・キャップ

全く奇妙なことではあるが、ハーバード大学では、教員の収入に上限を設けるガイドラインを定めている。資料によれば次のようなものだ。

教　授	34万ドル
准教授	27万1000ドル
助教授	24万2000ドル

これはサラリー・キャップと呼ばれ、教員たちを研究と教育に専心させるために作られた一種の紳士協定ともいうべきものである。実は、大学当局は、大学教員の収入について十分に把握していないばかりでなく、ほとんど制御不可能、アンタッチャブルな状況が出来《しゅったい》している。サラリー・キャップはまさにそれゆえに作られたものだ。

せめて収入に上限を設け、研究と教育の方に情熱を傾注していただきたい。そうでもないことには、いくらでも金儲けに走ることが可能であるということなのだ。そして実のところ、少なくない数の教授たちはサラリー・キャップに法的な拘束力がないのをいいことに、いくらでも金儲けに走っているのである。

ハーバード大学医学部およびその付属病院のような巨大な医療組織のトップに君臨する教授たちの収入源は複雑怪奇だ。大学当局から給与を支払われている教授たちがいる。その額はもちろん大学が把握しているし、それはそれほど高額なものではない。私が先に基礎研究に携わっている教授たちについて推定した程度のものである。

しかしハーバード大学から全く給与を貰っていないハーバード大学教授も少なからずいる。サラリー・キャップとはうらはらに、大学はむしろそれを望んでいる。ハーバードの教授たちはその地位とブランドを最大限に利用して、外部から研究資金《グラント》を導入する。国立衛生研究所《NIH》、国立科学振興会《NSF》からの研究費。各種の財団資金。製薬会社などからの依託研究費。これらはいずれも競争的な資金であり、教授たちはそれこそ全精力を傾注し、あらゆるチャンスともてるすべてのコネを駆使して死に物狂いでこれを獲得する。大学当局はそこから規定の金額を徴収する。

これらはオーバーヘッド・マネーと呼ばれ、大学にとって巨額な収入源となる。ありていに言えばショバ代である。大学はこれによってインフラを整え、フロアを与え、電気・ガス・水道といったサービスを供給し、最後に栄《は》えあるハーバード・ブランドを保証する。ショバ代を上納できるものだけがハーバードの名を名乗ることができるのであり、その額が地位とスペース、部屋の階数と日あたりを決定する。大学と研究者は完全なビジネスの関係にある。

教授たちは、外部から獲得した研究費を使って多数のポスドクを雇い入れ、こき使い、使い捨てにする。実はそれだけではない。教授たちは、この研究費から自らのサラリーを自らの決裁によって払っている。だからこそサラリー・キャップが必要となるのだ。

総資産額

ハーバード大学医学部教授、ベルナルド・ナダル‐ジナールは総勢60名からなる研究室を率いていた。つまりそれだけの人数を常時維持できる外部資金を稼ぎ続けていた。彼は、先進的な心臓病研究プロジェクトに対してＮＩＨから莫大なグラントを得ていた。さらに前述のように、高額の研究資金をハワード・ヒューズ医学財団から導入していた。彼はこのグラントから年間22万８１１０ドルの給与を得ていた。しかし彼が手にしていたのはこれだけではなかった。むしろそれは氷山の一角にすぎなかった。

ハーバード大学医学部の関連病院のひとつにボストン小児病院がある。世界で最も有名な、そして最も優秀な医師たちを擁する子ども病院である。ハーバード大学医学部の仰々しい白亜の建物に隣接するこの大病院は、正面玄関から中に入っても病院という雰囲気がしない。高級ホテルの広々としたロビーのようだ。ただ慌しい人々の往来だけがここがホテルとは違うことを知らせる。そしてここにやってくる人々の気持ちを少しでも和《なご》ませるように、壁面やソファー、天井などには色とりどりのかわいらしい絵や飾り付けが施してある。そう、ボストン小児病院には全米から、いや全世界から難病を抱えた子どもたちが世界最高の高度先進医療を求めてやってくるのだ。ナダル‐ジナールは、この病院の心臓病科の長でもある。

ナダル‐ジナールは、'80年代初頭、若くしてハーバードの地位を手にするとすぐに自分で非営利団体《NPO》を設立し、その代表者におさまった。ボストン小児心臓基金である。基金とは言い条、それは患者へ何かをなすためのものではない。患者から得たもので医師が何ものかを得るための巧妙な仕組みだった。ボストン小児心臓基金は、寄付金管理のための受け皿である。退院が近づいたある気持ちのよい日に、担当の医師たちはにこやかな笑みを浮かべながら、こんな風にさりげなく一枚の書面を見せるのかもしれない。

全快おめでとうございます。今日はちょっとしたご提案をお持ちしました。

世界最高の小児病院で、世界最高の医療を受け、最愛の子どもの命を救ってもらった裕福な両親はそのお礼に多額の寄付《ドネーション》を喜んですることだろう。ボストン小児心臓基金はこうして年間におよそ800万ドルもの寄付金を集めていた。

この金は一体どこへ行くのか。医師たちのもとへ行くのだ。基金に集まった金は、医療に参画した医師チームのメンバーに還元される。それはサラリーのように月々供与される形や、また退職金のように積み立てられるケースもある。ハーバードの医師たちは大学からの給与よりもこのような形で受け取る金の方がずっと多いのだ。

ナダル‐ジナールは、ここから年間22万９２９４ドルを得ていた。正確にいえば、ボストン小児心臓基金は彼の手中にあったのだから、得たというよりも、自らの手で自らに払っていたわけである。

もちろんこのこと自体は全くの合法行為である。ナダル‐ジナールの年収はハーバードのサラリー・キャップを超えていたが、ハーバードの収入上限は、内規的なガイドラインであり法律ではない。このような基金はおそらくハーバード大学医学部の関連病院のあちこちで様々な形で営まれていただろう。大学当局はその実態を把握していなかったし、任意に作られた基金管理団体を制御できるわけもなかった。私がここにその内実を書けるのは、ナダル‐ジナールの事件が明るみに出て、そのことによってパンドラの箱が開き、様々なことが報道されることになったからである。

ナダル‐ジナールとその妻――共同研究者でもあり、現代美術コレクションの共同管理者でもあり、そして人生のパートナーでもある――ヴィジャク・マダービの総資産は驚くべきものだった。

彼らは先に記したように、ボストン中心部の古い高級住宅街バックベイエリアの大きなコンドミニアムに住んでいた。そして増え続ける美術品を収納・展示する新しい場所を求めて、ダートマス街にある由緒ある建物を一棟丸ごと購入した。それだけではない。コネチカット州に二つのコンドミニアム、バーモント州にもコンドミニアムを一つ所有していた。おそらく週末や休暇の際の別荘として彼らが楽しんだり、あるいは時に美術関係者や作家を招く社交の場として使っていたのだろう。そして彼らのコレクション。絵画、彫像、工芸、いずれも若手現代美術作家の作品群。これらはざっと見積もっても700万ドルは下らない評価額だった。その中には、キキ・スミスの「ピー・ボディ」も含まれていた。

刑務所の門

最初に内部告発があった。この年の前年、ナダル‐ジナールは、年金として積み立てていたボストン小児心臓基金の金を現金化した。その額400万ドル。内部告発は、それが違法行為だという内容だった。ナダル‐ジナールは、基金の長であり、その運営は彼の手中にある。

とはいえそこには手続き規定があり、理事会があり、議決がある。彼が行った年金の現金化は、このプロセスを正しく踏んでいないというのだ。

ハーバードの医師たちは基金から高額の手当を毎月受け取るのとは別に、退職金あるいは年金にあたるものを積み立てていた。おそらくこうでもしない限り、年々寄付される巨額の金の内部留保に正当な理由づけができなかったのだろう。

積み立てている年金は、途中でもキャッシュ・アウト、つまり現金に変換できる。それはポジション、加入期間、毎月の積み立て額などによって、そして途中解約の規定によって決定される。400万ドルという額は明らかに大きすぎ、それはナダル - ジナールの恣意的な操作によってなされたものだという告発だった。

告発を行ったのは、ナダル - ジナールに近いL医師だった。同じボストン小児病院に勤務し、ボストン小児心臓基金のメンバーでもあった。内部告発者の身元が確かなものだったこともあって、すぐに司法当局が捜査に着手した。おそらく具体的な証拠資料を伴った告発だったのだろう。容疑は時と共に確実性を増したばかりでなく、いくつもの余罪が明らかになっていった。ナダル - ジナールは長い期間にわたって、たびたびボストン小児心臓基金の資金を自分の個人口座に移していた。新聞記事の見出しはそれを巨額の横領と書いた。

ハーバード大学とボストン小児病院は捜査が開始された10月の末に、早くもナダル－ジナールを休職扱いとし、教授室や研究室への立ち入りを禁止した。

ナダル－ジナールは最初、抵抗を試みた。複数の弁護士を雇ってこれが学内抗争に起因する陰謀であること、年金現金化の手続きは適法であったことなどを主張した。学内抗争は本当のことかもしれない。スペインからやってきてハーバードのライジング・スターとなった彼には敵が多くいた。しかしボストン小児心臓基金の私物化について、次々と新たな事実が暴露されると彼は徐々に追い詰められていった。不正な方法で流用された多額の資金は、ナダル－ジナールとその妻ヴィジャク・マダービが暮らした豪華な数々の不動産、美術品を買い集めるために世界中を飛び回った際の旅費、そして美術品購入などに使われていた。

ついには弁護士は、彼が過剰な仕事量とストレスのせいで躁鬱《そううつ》状態にあり、その結果、自分の行ったことに十分な判断ができなかったと酌量を求めるようになった。

エンダース研究棟の高層階に陣取っていたナダル－ジナールの研究チームは瓦解《がかい》していった。主がいなくなった研究室から、ポスドクたちは他の研究室を求めて次々とさまよいでて、そして去っていった。

裁判の進展があると、入廷するやつれたナダル－ジナールの姿をテレビカメラが追った。

傍らに、彼の妻ヴィジャク・マダービが寄り添う姿が映されていることもあった。長い法廷闘争の末、ナダル‐ジナール側の無罪主張はすべて退けられ、有罪の評決が出た。懲役1年の実刑だった。彼はそれを回避するあらゆる手段を講じたが無駄だった。１９９７年春、彼は刑務所の門をくぐった。

美術品の数々は差し押さえられ、横領の返還に当てられることになった。サザビーズのオークションにかけられたナダル‐ジナールとヴィジャクのコレクションは驚くべき高額で落札された。キキ・スミスの「ピー・ボディ」は、予定価格6万ドルとされていたところ、最終的に23万３５００ドルもの値がついた。それを買ったのは、ハーバード大学のフォッグ美術館だった。常に獲物を狙い続けていたナダル‐ジナールとヴィジャクの眼は、ここでも確かなものだったのである。

余　剰

これまで見てきたとおり、生物の歴史においてオスは、メスが産み出した使い走りでしかない。メスからメスへ、女系という縦糸だけで長い間、生命はずっと紡がれていた。

その縦糸と縦糸をある時、橋渡しし、情報を交換して変化をもたらす。その変化が、変遷する環境を生きぬく上で有用である。そのような選択圧が働いた結果、メスの遺伝子を別のメスへ、正確にいえば、ママの遺伝子を別の娘のところへ運ぶ役割を果たす「運び屋」として、オスが作り出された。それまで基本仕様だったメスの身体を作りかえることによってオスが産み出された。オスの身体の仕組みには急造ゆえの不整合や不具合が残り、メスの身体に比べその安定性がやや低いものとなったことはやむをえないことだった。寿命が短く、様々な病気にかかりやすく、精神的・身体的ストレスにも脆弱《ぜいじゃく》なものとなった。それでもオスは、けなげにも自らに課せられた役割を果たすため、世界のあらゆるところへ出かけていった。

では今日、一見、オスこそがこの世界を支配しているように見えるのは一体何故なのだろうか。それはおそらくメスがよくばりすぎたせいである、というのが私のささやかな推察である。

多くの生物種において、オスは遺伝子の運び屋としての役割以上の役割を担ってはいない。アリマキのメスたちは、秋口に風が冷たくなりだすとオスを産む。メスの遺伝子を交換するために。それが長い冬を越すために必要な営みゆえに。アリマキのオスは事実、その役割を行うと冬が来る前に死ぬ。翌春に生まれる子どもはすべてメスであり、そこからまた女系の糸が紡ぎだされる。アリマキに限らずほとんどの昆虫のメスは卵を産みっぱなしにする。そこから先のサバイバルは生まれいずるものの自己責任となる。

卵を産んだあと、あるいはそこから子どもが孵《かえ》ったあと、オスがなお子どもを育てるための役割を担わされている種は限られている。それは本来、オスがメスから作り出されたときに予定されていた役割ではなかった。おそらくメスがそのうち気がついたのだ。遺伝子を運び終わったオスにまだ使い道があることに。

巣を作る。卵を守る。子どもの孵化を待つ。そのための資材を運ぶ。食糧を調達する。メスの代わりをしてメスに自由時間を与える。そのような役割が徐々にオスに振り当てられていった。そのことにメスが「気づいた」、あるいはメスがオスに役割を「振り当てた」という言い方は、擬人化に過ぎるかもしれない。ダーウィニズムに従えば、そのようなオスの役割をたまたま採用した種が、生存上有利になったと説明されるだろう。

しかし、そのような行動様式の起源は、もともとメスがオスに命じたものだとしてもあながち間違いではないのではないだろうか。それは生物の行動にどの程度の自由の幅が存在しているかによるだろう。自由度の振幅が大きければ、そこには自律的な行為と共に他律的な行為が成立する余地があるということになる。

特に、文字通り擬人化が許されてよいはずのヒトの祖先の場合は。子どもの遺伝子の半分を運んできた男に、女はそれ以上の役割を期待し、また同時に命じた。命令に従わせるための様々な方途が生み出されたことだろう。宥《なだ》めたりすかしたり、泣いたり喚《わめ》いたり、あるいは褒賞を示唆したり。それは今日、女たちが使っている方途とそれほど変わらないものだったろう。女たちは男に、子育てのための家を作らせ、家を暖めるための薪《たきぎ》を運ばせた。日々の食糧を確保することは男の最も重要な仕事となった。身を飾るための宝石や色とりどりの植物、そのようなものをも求めたかもしれない。絵を描かせたり、何か面白いものを作らせたこともあったろう。

実に、ここに余剰の起源を見ることができる。男たちは、薪や食糧、珍しいもの、美しいもの、面白いものを求めて野外に出た。そしてそれらを持ち帰って女たちを喜ばせた。しかしまもなく今度は男たちが気づいたのだ。薪も食糧も、珍しいものも美しいものも面白いものも、それらが余分に得られたときは、こっそりどこか女たちが知らない場所に隠しておけばいいことを。余剰である。

余剰は徐々に蓄積されていった。蓄積されるだけでなく、男たちの間で交換された。あるいは貸し借りされた。それを記録する方法が編み出された。時に、余剰は略奪され、蓄積をめぐって闘争が起きた。秩序を守るために男たちの間で取り決めがなされ、それが破られたときの罰則が定められた。余剰を支配するものが世界を支配するものとなるのに時間はそれほど必要ではなかった。

＊　＊　＊

ナダル‐ジナールは刑期を終えて出所したあと、一時、ニューヨークの医科大学に身を寄せた。彼のことをよく知る支援者が助けたのだという。ある時、私の知人はナダル‐ジナールから電話を受けた。彼は裁判や検察がいかに不当だったか、刑務所がいかにひどい場所だったかを延々と語り続けた。ナダル‐ジナールはその後、ニューヨークを後にした。どこに向かったのかは不明である。風の噂では、イタリア南部の小都市に暮らしているという。

判決が下った後、ナダル‐ジナールとヴィジャクは離婚した。ヴィジャクは自己破産を申請した。財産を守るための方策だったかもしれない。そして姿をくらませた。一説によれば、現代美術に対する嗜好も、不動産の趣味もすべてはヴィジャク・マダービの嗜好であり趣味だった。

ナダル‐ジナールは、ヴィジャクの求めるものを与え、そして最後まで彼女をかばいつづけたのだと。ヴィジャク・マダービのその後の消息は全くわからない。

エピローグ

浅い眠りから覚めてふと目をやると、斜め前方、蛍光灯に照らされた列車内の白い天井の近くに、小さく光る緑色の甲虫がじっととまっているのを見つけた。体長は1センチ足らず。細身の身体から長い触角とオレンジ色の華奢な手足がバランスよく伸びている。私にはそれがすぐにカラカネハナカミキリだとわかった。当時の私は、国内産のものであれば、ほとんどの昆虫の名前を言い当てることができた。

カラカネハナカミキリは比較的珍しい虫で、その名のとおり普通は樹林や山間部の花の上にしかやってこない。なぜ彼は——私は、触角の特徴からそれがオスであることもわかったのだが——こんなところにいるのだろう。登山客にでもついて紛れ込んだのかもしれない。しかし疾走する新幹線の車内は人もまばらで、私の見える範囲の網棚には山の荷物のようなものは何も置かれてはいなかった。

窓の外は暗く、わずかに、遠くの鈍い光が後方へ飛び去っていくだけだった。西に向かって走る夜の新幹線に乗り、横浜から湘南を過ぎて街の灯がだんだん少なくなってくると、私は後悔とも焦燥とも呼べるような、よるべのない気分におそわれた。

その年の春、私は京都の大学に進学した。入ってみると、すでにファーブルも今西錦司もいないことをあらためて知らされた。そこにあるのは害虫駆除や収穫量増産といった種類の〝研究〟だった。昆虫少年の夢は破れ、自分の視野の四隅がぼんやりと暗くなった。教室に座っても、ずっと後方から自分の後ろ姿を眺めているような気持ちにしばしばとらわれた。休暇が終わって帰省先から大学に戻るのが憂鬱だった。

カミキリムシは微動だにしなかった。私はひそかに望んでいた。カミキリムシが不意に羽を開き、列車の内部を飛行することを。可憐《かれん》な脚で壁を蹴って、空中に飛び出したつもりの彼は、宙に浮いたと同時に、時速200キロメートルで車両の後部壁面にたたきつけられ絶命する。一体何がわが身に起こったのか悟る暇《いとま》もなく。私はそれを待っていた。

＊　＊　＊

少年の頃、山手線に乗っていた私はある「発見」をした。乗っている電車を瞬時に反対方向へ走らせる方法について。いささか気が引けるけれど、いわゆる優先シートになっている、列車前後の連結器寄りの隅の座席にすわる。車両によっては優先指定でないところもある。そのような席ならなおよい。

お尻をシートになじませながら、しばし正面の窓の外を見て、景色が流れる様子を観賞する。その後、おもむろに連結器がわの側面の小窓に目を移す。つまり、もしその車両が先頭または最後尾だったら、運転席や車掌席が設置される場所にある窓を見る。普通、前後を繋がれた中ほどの車両では、その小窓は次の車両の同じ位置にある小窓と相対しているから、窓から窓が見えるだけで何も面白くない。

さて、ここから先が重要である。正面の、外に流れる景色をできるだけ眼に入れないようにして、その小窓のガラスの表面だけを見る。すると、そこには外に流れる景色が映っている。外の風景の鏡像として。次の瞬間、自分がものすごいスピードで反対方向に運ばれていることに気づく。しばらくこの感覚を楽しんだら眼を正面の窓に移す。めまいのあと、電車はもとの方向に走り出す。以後、あなたは電車を順走・逆走、意のままに動かすことができるようになる。

＊　＊　＊

私はカミキリムシがつくる壁の小さな点を見つめながら、その発見を思い出してみた。そして、私を運んでいるものについて考えた。それは大気を切り裂き、轟音《ごうおん》を立てながら私を運んでいるにもかかわらず、私にはその音が聴こえない。見ることも触れることもできない。それは私を載せて決して後戻りすることなく進んでいるにもかかわらず、その進行方向や速度について、今感じている知覚を裏づけるものはなにひとつない。私を運ぶそのような「媒体《ミディアム》」について、私は思いを馳せた。

そのときだった。視界の隅で、カラカネハナカミキリが膨らむように震えた。次の瞬間、緑色に光る羽を立てた彼はすっと飛び立った。そして数メートル先の空席の向こう側にふわりと消えた。彼の飛翔を支えていた媒体の中に残ったかそけき放物線の軌跡は、しばらくのあいだとどまっていたがやがて見えなくなった。

私の期待に反して、虫は飛びたったあと、なぜ高速で走る車内の反対側の壁に激突しなかったのか。それは、虫の飛翔速度が時速200キロメートル以上だからでもなく、そのとき、実は列車が名古屋駅に停車していたからでもない。虫の羽にあたる空気の分子もまた、ことごとく時速200キロメートルで運ばれていたからである。

魚は水の中で一生を過ごす。水中で生まれ、四六時中水中で過ごし、水中で死ぬ。魚たちはおそらく、自分が、水という極めて重く、粘度の高い流体の中で生きていることに全く気づいていない。魚たちは自分たちを取り囲み、自分たちを載せている「媒体」の存在を認識できないのだ。

魚が水の存在に気づけないように、走行する新幹線の中のカラカネハナカミキリは、彼を浸し、彼の飛翔を支える媒体、つまり空気の分子の存在とその運動を知らない。

私たち人間もまた常に何らかの媒体に取り囲まれ、それに載せられて生きているにもかかわらず、その存在を感じることができない。私たちにとっての媒体とは一体なんだろう。

それはいつ出会った光景だったろう。とても寒かった。ヨーロッパのどこかだった記憶がかすかにある。私は駅に停車している列車の座席にすわって発車を待っていた。外は一面の雪景色。窓は温度差で曇っていた。なぜ、そんなに長い時間、列車が停車したままだったのか、今となっては思い出せない。たぶん、接続する列車の到着待ちかなにかそういったことであったのだろう。車内はほぼ満席だった。

その中に、生まれたばかりの赤ん坊を抱いたお母さんがすわっていた。赤ん坊はずっと大声で泣き続けていた。若いお母さんはなだめたりすかしたりしていたが、一向に泣きやむ気配がない。このままでは周りに迷惑だと思ったのか、お母さんはその子を抱いたまま、すっと立ち上がった。

と、その瞬間、ピタリと赤ん坊は泣くのをやめた。乗客は皆びっくりしたように赤ん坊の方を見た。お母さんはただ立ち上がっただけなのだ。彼女はしばらく赤ちゃんの顔を見ていたが、落ち着いたように見えたのだろう、ゆっくりと座り直した。そのとたん赤ん坊は火がついたように泣き出した。そのあと、お母さんは立ち上がったり座ったりを繰り返した。立つと、赤ん坊はミュートボタンを押したかのようにピタリと泣きやんだ。「○○ちゃんは、高いところが好きなのね」母はそう話しかけていた。やがて列車は出発した。私はずっとその赤ん坊を見ていた。いや、私はその赤ん坊になっていた。ありありとその子の感覚が体感できた。僕は高いところが好きなわけじゃないんだ。ママが立ち上がるときの、この、ぞくっとする感じがたまらなく好きなんだ。

私たちにとっての媒体とは何か。それは、時間である、と私は思う。時間の流れとは私たち生命の流れであり、生命の流れとは、動的な平衡状態を出入りする分子の流れである。つまり時間とは生命そのもののことである。生命の律動が時間を作り出しているにもかかわらず、私たちは時間の実在を知覚することができない。

いや、むしろこういうべきだろう。生命は時間という名の媒体の中にどっぷりと浸されているがゆえに、私たちはふだん自分が生きていることを実感できないのであると。ならば、時間の存在を実感できる一瞬だけ、私たちは私たちを運ぶ媒体の動きを知り、私たち自身が動いていること、つまり生きていることを知覚しうるのではないだろうか。

これまで見てきたとおり、生物の基本仕様《デフォルト》としての女性を無理やり作りかえた《カスタマイズ》ものが男であり、そこにはカスタマイズにつきものの不整合や不具合がある。つまり生物学的には、男は女のできそこないだといってよい。だから男は、寿命が短く、病気にかかりやすく、精神的にも弱い。しかし、できそこないでもよかったのである。所期の用途を果たす点においては。必要な時期に、縦糸で紡がれてきた女系の遺伝子を混合するための横糸。遺伝子の使い走りとしての用途である。

*　　*　　*

使い走りは使い走りとしての役目を一心に果たした。わき目もふらずに。それはアリマキの時代から、ヒトがヒトとなりアフリカを後にしたとき、ユーラシア大陸をはじめすべての大陸にまで及んだとき、そしてそれ以降いままで全く変わっていない。使い走りはずっとずっと女性に尽くしてきた。使い走りだけではない。女性の命ずるまま、命ずるものすべてを運んで来ようとした。

それにしてもなぜ男はここまで女性に尽くしてしまうのか。この物語の最後に、そのことについてすこしだけ考察を進めてみたい。

端的にいえば、男が尽くすのはあの感覚から逃れられないからである。それは男を支配する究極の麻薬だ。それがどうしてもほしくなる。してもしてもまた、した後《しり》からその感覚がほしくなる。

生物学者の解説はいつも同じだ。生殖行為が快感と結びついていること、それは進化プロセスの必然です。進化はまずオスをつくりだした。この言い方が不正確というなら、オスを作るというカスタマイズにたまたま成功したメスが、その後、自然によって選択された、と言い直してもよい。そして、生殖行為の際、強力な快感を伴うような仕組みをたまたま獲得した生物が、その後の淘汰を勝ち抜いたのです。それゆえ現在、セックスは快楽とともにあるのです。

脳科学者の解説はいつも同じだ。快楽中枢は、A10神経群に局在しています。A10神経は、脳幹から出発し、視床下部、大脳辺縁系をとおり、大脳新皮質の前頭連合野、側頭葉へ達します。ここから快楽ホルモンであるドーパミンやアドレナリンが放出されます。サルの脳に微小電極を埋め込み、次のような仕組みをつくります。飼育室のレバーを引くと微弱な電気が流れ、A10神経が刺激される、そういう仕組みです。これを覚えたサルは、1日に1000回もレバーを繰り返し引くようになるのです。

しかしこれらの解説は何かを説明したことには全然なっていない。私が知りたいのは、生殖行為が、なぜあの快感と結びついているのか、ということだ。あの快感は、人間が経験できる他のいかなる快感とも異なる。ライバルに打ち勝ったときの快感。おいしいものをたらふく食べたときの快楽。あるいは放尿や脱糞《だっぷん》の快感。いずれとも全く違う。

生物学者や脳科学者はいうだろう。それは、性的快感をつかさどる神経が特別だからです。A10神経群のうち、特別な一団だけが性的快感に関係していて、ドーパミンやアドレナリンが放出される部位も特別なのです、と。

これもまた答えとはなり得ない。私が知りたいのは、その特別さの理由だから。性的快感として、なぜあの独特の快感が選び取られて今日に至っているのか、ということなのだから。

ここから先、ある仮説について私の考えを記す。生物学は、生命現象のふるまい方（HOW）についてては語れても、生命現象のなぜ（WHY）は語れないと先に書いた。しかし最後に、あえてその禁を犯していまだ立証されない仮説について述べたい。今後、立証される見込みもない、あてどのない仮説について。

それが一体なんであるか皆目見当がつかない事象に対して、科学者がなしえる唯一のアプローチは、ホモローグを探す、ということである。ホモローグとは、類似する何ものかという程度の意味である。あの感覚は確かに独特のものではある。でも何かに似てはいないだろうか。

スチールドラゴン。三重県桑名市のナガシマスパーランドにあるジェットコースター。知る人ぞ知る世界最長のジェットコースター。このコースターは極めて単純明快なコンセプトの上に作られている。それは単純明快ながら壮大な姿をしている。レールが示す曲線は優美であるともいえるが、遠くから眺めるだけで身震いがする。近くまで来て見上げると頭がくらくらする。

このコースターのすべてはそのファーストドロップにある。小さな箱が連結された、何の変哲もないライドに乗せられた乗客は、ギリギリギリギリと巻き上げ式のモーターによってゆっくりと引き上げられていく。斜めになった視界には青々と広がる伊勢湾、反対側には鈴鹿山脈の山なみが見渡せる。そして97メートルの最上部への道のりはあまりにも長い。身体を乗り出して先を見ようにも、がっしりと固定具でホールドされていて自由が利かない。レールはなおまっすぐ天に向かって延びている。ギリギリギリギリ。と、巻き上げ機のスピードが緩んだことがわかる。頂上に達したのだ。唾を飲み込む。手すりを握りなおす。一瞬、箱が完全に停止したような錯覚に陥る。しかしそうではない。次の瞬間、容赦なく、一気に、まっさかさまに、93メートル下の奈落へと突き落とされるのだ。すべてがこのファーストドロップにある。

人はなぜジェットコースターに熱狂するのだろう。それは似ているからだ、と私は思う。ジェットコースターが落下するとき、人間の身体が受け取る感覚。蟻の門渡りあたりから始まり、そのまま尿道と輪精管を突き抜け、身体の中心線に沿ってまっすぐに急上昇してくる感覚。

このとき人間は何を感じているのだろうか。加速度である。重力がぐんぐん私たちを引きずり込む加速度。それを私たちは私たちの身体の深部で受け止める。

人間のもつ五感。視覚、嗅覚、味覚、聴覚、触覚。このあとにもうひとつ第六感として加えるべき知覚があるとすればそれは何か。ガット・フィーリングや虫の知らせのようないわゆる第六感ではない。それはもっと直截《ちょくせつ》的で物理的な知覚だ。加速度を感じる知覚。ジェットコースターがまさに落下せんとするとき、その落下感を受け止める感覚。これを私は、人間がもつ六番目の知覚として速覚と呼びたいと思う。より正確にいえば加速覚。

加速覚は確かに実在している。アクセラレーション。それは文字どおり落下だけでなく、アクセルを踏み込んだとき現れる。上昇時にも発進時にも。それを私たちは敏感に感じ取る。

高層インテリジェントビルの高速エレベーターに乗ったとき。エレベーターはインバータ制御によってあまりにもなめらかに滑り出し、できるだけ加速を感じさせないよう設計されている。それでも、たとえ目をつむっていても、エレベーターがいま上昇しかけているのか下降しかけているのかがわかる。それはわずかに変化する加速を感知しているからに他ならない。

加速覚は身体のどこで検出されているのか。それはなお明らかではない。視覚をつかさどる網膜とロドプシン、嗅覚をになう上皮細胞と何百種類もの匂いレセプター、舌の上のいくつかの味覚レセプター。これらは分子生物学的な解析が進み、ほとんど同じ基本メカニズムによってなりたっていることがわかってきた。聴覚は、鼓膜に連結された小骨の先にある三半規管が振動を感受することによる。触覚は、皮膚の上にある微小な圧レセプターがそれを検出する。

しかし、加速覚はそのいずれとも異なるメカニズムによって、身体のどこか奥深くが感受している。仮に、私がもし五感のすべてを失ったとしても、なお私は加速を感じ取ることができるだろう。

加速覚は私たちをぞくりとさせる。そして加速覚は私たちにとって快なのである。

生まれたばかりの赤ちゃんであっても、加速覚は一種の快としてある。いつか列車の中で見た光景。お母さんが僕を抱きかかえて立ち上がったとき、僕は確かに加速を感じた。そして、高い位置で抱きかかえられている間、僕の中にそのポテンシャルが溜められていることを実感できた。いつでも、次の瞬間にでも、すっと落下して再び甘美な加速を味わえるというポテンシャルが。

ではなぜ加速覚は快感なのだろうか。ここに「媒体」という問題が交差する。

私たちは媒体の中に浸されて、媒体とともに動く。それは新幹線の中に飛行するカラカネハナカミキリと同じである。水の中に生まれ、水とともに過ごす魚たちとも同じ。虫は自分が時速200キロで運ばれていることを知らない。魚は水の存在に気づかない。なぜか。彼らが巡航しているからである。彼らが等速運動をしているからである。媒体に包まれているものが、媒体と同じ速度で動いているとき、媒体の存在を知るすべはない。

私たち人間は、媒体としての時間の存在を知覚することができない。時計も、カレンダーも、日記も、等速運動を分節しているだけで、時間の運動そのものの実感を知らせてくれはしない。

時間の存在を、時間の流れを知るたったひとつの行為がある。時間を追い越せばよい。巡航する時間を一瞬でも、追い越すことができれば、その瞬間、私たちは時間の存在を知ることができる。時間の風圧を感じることができる。それが加速覚に他ならない。

巡航する時間を追い越すための速度の増加、それが加速度である。加速されたとき初めて私たちは時間の存在を感じる。そしてそれは最上の快感なのだ。なぜならそれが最も直截的な生の実感に他ならないから。

自然は、加速を感じる知覚、加速覚を生物に与えた。進化とは、言葉のほんとうの意味において、生存の連鎖ということである。生殖行為と快感が結びついたのは進化の必然である。そして、きわめてありていにいえば、できそこないの生き物である男たちの唯一の生の報償として、射精感が加速覚と結合することが選ばれたのである。

台湾のはるか南海上に位置する孤島、蘭嶼《らんしょ》。ここには海洋民を起源とするヤミ族と呼ばれる人々が住んでいた。彼らはトビウオを部族の象徴として尊重していた。

＊　＊　＊

あなたはこの島に来る途中の海原でキラキラと飛びかうトビウオの姿を見ましたよね。この島にやってくる者たちを、彼らは言祝《ことほ》いでくれているのです。彼らにはなにかしらあなたの心を捉えるものがあったはずです。それは一体何でしょうか。ヤミの人々をしてトビウオを生命の徴《しるし》たらしめているものもおそらく同じ力です。それはどのような力でしょうか。

ほとんどすべての魚は水の中で一生を過ごします。水中で生まれ、四六時中水中ですごし、水中で死にます。そして魚たちは自分が、水という存在の中で生きていることに全く気づいていないのです。魚たちは自分たちを取り囲み、自分たちを載せている媒体の存在を認識できないのです。ただひとり、水から一気に飛び出すことのできるトビウオだけがその存在を知っているのです。だからこそ私たちはトビウオの姿に特別な力を感じとるのです。

("Words of Yami", by Iris Otto Feigns)

謝辞：本書を書くにあたって、山科正平、野口昌彦、George Scheele、小室一成の各氏より貴重な助言を得た。特に記して感謝する次第である。

初出：「本が好き！」（光文社刊、2007年10月号〜2008年10月号。プロローグ、エピローグの一部は、それぞれ「エロコト」〈木楽舎、2006年11月1日発行〉、「文學界」〈文藝春秋、2008年1月号〉に発表された文章に変更を加えたものである）

福岡伸一（ふくおかしんいち）
1959年東京都生まれ。京都大学卒業。ロックフェラー大学およびハーバード大学研究員、京都大学助教授を経て、青山学院大学総合文化政策学部教授。専攻は分子生物学。著書は『プリオン説はほんとうか？』（講談社ブルーバックス、講談社出版文化賞科学出版賞受賞）、『ロハスの思考』（木楽舎ソトコト新書）、『生物と無生物のあいだ』（講談社現代新書、サントリー学芸賞受賞）、『生命と食』（岩波ブックレット）、『動的平衡』（木楽舎）など。最新刊に、『ナチュラリスト――生命を愛でる人』（新潮社）がある。

できそこないの男《おとこ》たち

2008年10月20日初版１刷発行
2018年12月20日　12刷発行

著　者――福岡伸一
発行者――田邉浩司
装　幀――アラン・チャン
印刷所――萩原印刷
製本所――ナショナル製本
発行所――株式会社光文社
東京都文京区音羽1-16-6（〒112-8011）
https://www.kobunsha.com/
電　話――編集部03（5395）8289　書籍販売部03（5395）8116
業務部03（5395）8125
メール――sinsyo@kobunsha.com

 ISBN 978-4-334-03474-0

光文社新書